日日器物帖

[日] 三谷龙二 著
曲炜 译

CS 湖南美术出版社

写在最前面

生活的轮廓

完成了工坊里的工作，走出户外，发现周围早已经被淡墨色的暮色包裹住了。工坊所在的这一带，地形如同山谷一般，U字形的最低处，莲花池和苹果园铺展着。苹果园的两侧，则是星星点点的民宅。由于苹果树需要定期修剪枝条，所以很容易获得各式木材废料，杂草和小树枝可以用来点户外的小篝火，粗树枝则是烧洗澡水和室内暖炉的好燃料。所以每当暮色降临，这一带总是可以看到此起彼伏的白色炊烟。这个时候，大家都在家里进行着这一整天工作的收尾，或者正在准备晚餐。虽然每天都能见到各家窗边的温暖灯光，这一情景也已然成了习以为常的当地风景，但每当看到这番景色，我总是忍不住再一次在心里默念“人们的真实生活状态真好啊”。人们的生活，有着例如温度、氛围这样的东西。煮一锅米饭、做两三个小菜、摆盘上桌……完成了一天的工作和学习后，一家人围坐在桌边的情景，我能如同身临其境般看得真切。菜刀切菜的声音，锅里的热气顶起锅盖的“嘎嗒嘎嗒”

声……只是看着这些人家窗口的灯光，都会让我胸口一阵温热。这就是一直延续不变的，人们真实生活的可爱风景。

我最早做的木工作品是胸针。那段时期我也在职业训练学校里学习制作木制家具。所以一开始，我并没有想过做餐具，只是认真地考虑如何在胸针和家具中，选定一项做下去。不过，虽然当时并没有什么人真正地在制作木制餐具，我却懵懵懂懂地开始尝试了。如今回头去想其中的原因，也许是因为在从事木工之前，我就很喜爱“生活”这样东西。烟囱口冒出的一缕青烟、窗边的灯光……这样的日常生活细节，总让我心生怜爱。而选择木工科这个专业，则是因为我一直很喜爱《鲁滨孙漂流记》中的主人公，他在遇难漂流上岸后，最早着手制作的就是椅子和桌子。于是，抱着“作为能够支持生活的必要技术，还是一定要懂得木工”的想法，我选择了木工科。我希望自己能够做出和真实生活密切相关的，能够真正在日常生活中使用的工具。这就是我选择木工作为终身职业的初衷吧。（我是一个非常喜欢做东西的人，并不在意能否成为艺术家并出名，而如果以后者为目的，我的作品肯定会完全不同吧。）

器物的制作，其目的并不仅仅停留在使用上，而是要与“生活”这个含糊的概念，以及长久相伴的心态等各种要素融合在一起，最终才能呈现出器物的形态来。在我看来，真实生活的轮廓其实是模糊而松弛的，谁都见过那些非常精致、高贵美观的家具吧，但越是这样的家具，越令人觉得它们和真实生活之间存在着距离。比如说，家具的把手部分，总是越小越精致，但是在实际使用时，这样的小把手却让人忍不住担心自己的指甲会划伤家具。这样的东西作为日常生活用具，不免让人的神经太过紧张了。

丹麦的家具设计师布吉·莫根森（Borge Mogensen），一生为普通人制造了许多家具。这些家具不仅没有任何累赘的设计，也不使用昂贵的原材料，甚至为了控制售价，连制造方式也特意避免难度过高或过于精细复杂的方法。但这些家具，却都因为在设计上拥有超越时间的美而长久地留存于世。我认为这种对物品的思考方式于日常用品来说是极为重要的。日常用品，除了要关注能否便于顺手地使用，还需在性能、美感、牢固程度以及使用时是否造成紧张感等相关细节上深思熟虑。回头看看我自己身边的这些器物，几乎都符合布吉对物品的思考。

* 关于标记的方式

所有标记方式的长度单位都是mm（毫米），以长度 × 宽度 × 高度的顺序表示。

如果是有盖子的器物，标记的尺寸是在除去盖子后进行测量的。本书登载的各种商品，都是现在三谷先生仍在家中实际使用的器物。关于它们的标记尺寸，请仅仅作为参考。因为材质、使用年限以及使用频率的不同，器物多少都会在实际尺寸上产生缩小等变化，特别是木制器物。关于标记的尺寸有所出入这一点，请大家理解。

目录

由秋入冬 75

如同树木一般

我曾经在花市上买过一棵枫树苗，10年过后，这棵树已经枝繁叶茂，而此时，我在它的身边建了一个小小的家。

我认为，人拥有家，其实和树木生长有着相同的轨迹，都是抱着“一直留在这里”的决心。在某一块土地上扎根、生长，可以说是一件下定了决心之后才会去做的事情。因为一旦决定了“这里”，那么无论是树木还是家，都将长久地存在于此。但是人类这种动物，通常是好不容易在某一处安了家，也无法长久地安定下来，很快就忍不住向外活动了。以前曾发生过这样的事情：我在院子里种下一棵树，当年，树木枝繁叶茂，但是到第二年还是第三年，树突然枯萎了。这是因为树木在种植后，通常需要花上一两年的时间，才能真正地在土地中扎根。这个道理，于人类来说，应该也是相通的。无论是“再冷的石头，坐上三年也会暖起来”还是“十年一阶段”这些老话，都是在说如果想要稳固基础并有所发展，必然要经历一段岁月。但是，人通常等不了这些必要的时间，在不应该有所变动的时候，忍不住一动再动。就算只需要安安静静地待着就好，也经常会忍不住做点什么事情来打发时间。于是，人这样的动物在仰视树木时，总是会对它们泰然矗立着的姿态心生憧憬。仅仅站在这被微风轻拂着微微摇曳的巨大绿荫下，就会给人以宛若重生的感觉。这些树木和我们完全不同，它们并没有强烈的自我意识，只是无私地为大家提供阴凉，孕育果实，不求任何回报。树不发一言，只是安静地站着。

“不一会儿，黄昏降临。这个地区白天就不大有什么车子经过，薄暮之后简直静极了。夫妇俩照例坐在煤油灯下，心里感到：在这个大千世界中，唯有两人坐着的这块地盘是光明的。而在这明亮的灯影下，宗助只意识到阿米的存在，阿米也只意识到宗助的存在。至于煤油灯光所不及的阴暗社会，就被丢在脑后了。这夫妇俩每天晚上就是在这样的生活里找到他们自己的生命所在的。”

——《门》，夏目漱石[1]

1　翻译参考上海译文出版社 2010 年 7 月出版的《门》（吴树文 译）。

宗助和阿米，如同与“煤油灯光所不及的阴暗社会”完全隔离，在山崖下的租屋中静静地生活着，如同树木一般安静。“夫妇俩每天晚上就是在这样的生活里找到他们自己的生命所在的。”夏目漱石这样写道。“自己的生命”究竟是怎样的呢？对于人来说，生活也是一种需要根的东西。通过自己的根系，人们能够寻找到自己的生命。所谓家，是一种向内牵连，而非向外发散的存在，两个人通过在岁月中慢慢构筑自己的生活，培育起“生命”的“根”。日常的生活，也许就是平淡而毫无刺激的。但也正因为如此，才可以让人“寻找到生命”。接下来，“这对安静的夫妻，哐当哐当地摇着安之助从神户买来的手信——一个养老昆布的罐子，一边挑着其中放了花椒的小昆布结”，一边聊着寻找到的生命吧。

生活，应该就是由这些不经意的举动点滴积累起来的吧：用菜刀切菜；坐在餐桌边吃饭，等等。并且伴随着日常使用的椅子、锅、衣服、包、用起来顺手的餐具等，我们的生活也逐渐产生了宽舒的轮廓，并慢慢长成“生命的”形状。

我曾经将院子里的树的枝条切成长15厘米左右的枝段，专门用来做吃和果子的小木签。用小刀削着这些刚刚切下的枝条，由枝条传递来的柔软感让我感觉自己仿佛正在抚摸一只活着的小动物。这种无以言表的舒适感会缓缓浸入心底深处。人们常说，日本的文化其实就是木与纸的文化。每当我们触摸树木时，曾经在森林中生活过的记忆似乎就会复苏，似乎在内心的某处“寻找到了自己的生命”。诗人长田弘曾对我说过这样的话：“我觉得，所谓木工应该就是用木制器皿和木制工具这些肉眼可见的、充满亲切感的东西把树木的语言翻译出来的工作。”也许对于日本人来说，树木的语言就等同于生命的根吧。

树木和我们的生活相连，或许大家的潜意识中也都一直抱着这个想法。最近我举办木勺手工课的机会越来越多，通常的情景是十人左右围坐在大桌子前，用雕刻刀制作木勺子，材料则是我事先用线锯切割好的木块。无论是我还是参与者，对手工课都兴致高昂，这种兴致并非来自木勺本身，而是源自想要通过具体的物品，让自己与“生生不息的世界”建立联系的愿望吧。这与希望自己能够围坐在餐桌边，用餐具快乐地用餐这个愿望也是共通的吧。

制作一把木勺大约需要3小时。手工课的主题是“汤与勺”，在大家聚精会神地雕琢木勺的同时，厨师就在大家的边上支起了锅子，认真地做起了颇为花功夫的热汤。然后，当木勺在大家的手中“诞生”后，就可以用这把新生的勺子来喝热乎乎的汤水。这堂手工课，有着许多在日常生活中很难接触到的新鲜体验：触摸无垢的木材、用刀具削割木料、自己亲手制作餐具、甚至用自己的手和嘴唇亲自检验餐具的完成状态。

我的手工课让大家用辛苦做成的勺子一起用餐，所以，其隐藏的主题便是“劳动和食物”。即使一开始，在座的全是陌生人，但在一起努力制作了几小时后，便自然而然地亲近起来，再加上可口的食物与美酒，每一次都让手工课最终变身为一场气氛活跃的聚会。大家开心地聊着第一次亲手做的勺子，聊着桌上的菜肴，慢慢又聊起了自己的种种，恨不能让时间停下来。

“劳动和食物”的主题，在不久前还是为了教育孩子们才出现的。因为在过去，无论是日常家里吃的米和蔬菜，还是使用的工具，穿着的衣物鞋子，都必须由大家亲手栽种或者制造。所以，大人需要以这样的劳作来教育小孩——“不干活就没得吃”。但是，时代迅速的发展让这一切都改变了。亲手制作工具早已成了传说，取而代之，“用钱就可以买到所需之物”变成了一种常识。

在高速发展的时代中，男人们离开家，去工厂或公司工作。人们每天生活的重头戏，便是不停地工作。远离了农田和家，自然而然地，以前每天在家吃的三餐被便当和外食取而代之。而同时，由于需要靠大家族合力完成的工作越来越少，父亲的工资成了家庭开销的来源，所以，以前三代同堂甚至更大规模的家族，也逐渐变成了家庭成员只有父母和小孩的单核家庭。和我同年代出生的人，大多成长于这样的单核家庭之中。

即使是生活在如此小的单核家庭中，在十八九岁的时候，我也一直想着要离家单飞。家庭生活始终让我觉得，似乎有一半的自己模模糊糊地与整个家庭交融在一起，看不清完完全全属于自己的清晰轮廓。这种不爽快的感觉困扰了我很久，我一直期望着能够离开家，一个人自由地生活。

不过，无论是劳动还是食物，都和人紧紧地联系在一起。以前的人们和生活在同一区域的其他人协力劳作，和家人们一起享用三餐。所以这样看来，说不定“劳动和食物”的本质与追求效率和利己主义的风潮相悖，反而有着在人和人之间建立起单纯明快关系的力量。

在别役实[1]的童话作品中，有一个名字叫作《一栋家宅、一棵树和一个儿子》的故事。

一个不曾拥有固定居所的销售员，在一个又一个的城市中走街串巷地兜售黑牛牌酱汁。突然有一天，他听到了来自遥远天空的神的声音。

“无论是谁，都必须建造一栋家宅、种植一棵树、抚育一个儿子。”神的声音响彻整个天空，也穿透了男子的心，他静伫在那里，被深深地感动了。

男子这样想道：

1 别役实（1937— ），日本剧作家、童话作家。他的戏剧作品取材于现实生活，目的在于揭示日本社会“幽默背后的哀伤，笑声里的恐怖”真象。书中注释未作说明，均为译注。

“我为什么会如此不幸福呢，一定是因为我只顾着忙碌地奔波于世界各处，却没有在任何地方留下过哪怕一个小小的印迹。是啊，是时候在这个世界上留下属于我的小小的印迹了。就让我建造一栋家宅，种植一棵树，并抚育一个儿子吧。”

《寂寞的鱼——别役实童话集》，三一书房出版

当我看到这个故事的时候，正巧是我建起了房子，在院子里种下了树，并且妻子告诉我她怀上了一个男孩（我还有两个女儿）的时候。到如今，时间的流逝让这个被我们称为家的房屋逐渐变得老旧，但同时，我们也完全习惯了在屋里度过的每一天。当时种下的那棵枫树，虽然一度枝繁叶茂，但最后还是枯萎了。但由它的果实所萌发出的树苗，却在慢慢地长大。而我的儿子，也已经大学毕业，在两年前正式跨入了社会。

每天的生活周而复始，对于人来说，这其中也有着如同培育树木成长一般的时刻。这些时刻，应该就是所谓的“生命的印迹”吧。我想，人类其实有两面性：如同动物一般，随时随地有所行动的自我；以及如同树木一般，仅仅是静静地扎根在某处，“蕴蓄自己的生命”的另一个自我吧。

由春入夏

梅、樱、桃——寒冷地域的春天“哗”地一下就到来了，在这样热闹的春季里，樱花仍是最特别的花朵。赏花之日，总给人一种“冬天就此结束，让我们迎接新的开始”的感觉，这颇有些仪式感。于是，到了樱花满开的那天，我就和助手们分工准备便当，出行去赏花了。我们用的野餐垫，是在专门经营柬埔寨的各式布料以及杂货的店铺クロマニヨン（KUROMANIYON）特别定制的。虽然年年赏花，但对这一天由身体深处涌出的喜悦，依旧感觉特别而新鲜。

我的工作室和家在一起，所以几乎每天都在家里用午餐，不过大都是些可以简单、迅速做好的菜式。比如说，今天的午餐就是腌沙丁鱼柠檬汁意大利面，外加用橄榄油和盐轻拌的水煮青芦笋。虽然是这么简单的菜式，只要用对了餐具，看上去就完全不同。而且，连用餐时的心情也会改变。这种时候，我经常会由衷地感叹："餐具，真是厉害！"

对于我来说，松本的优点在于只要出家门开车一小时，就可以到达自然景观丰富的地方。这一天，我和来自奈良“胡桃之木”工作室的员工们一起在高原上举办制作木勺的研习班。这里是我珍藏的秘密基地，景色非常美，却人烟稀少，着实让人不可思议。小川的河边，那块我称之为“老地方”的空地，也总是没有什么人在。我们抵达后，立刻把饮料和西瓜都浸入了冰冰凉的河水之中。

带着桌子和椅子来到草原之上，我们在大自然的环绕中，专心致志地削着木料。虽然仅仅是这样，和平日相比，却是颇为难得。一边制作着木勺，一边听着溪水的声音，3个小时就这样过去了。中学以后就再未握过雕刻刀的学员，虽然有些不知所措，但最终大家都顺利地完成了木勺的制作。劳作后，大家把事先准备好的各式食物摆了满满一桌，终于开饭了。午餐的高潮，应该就是大家用自己制作的木勺享用甜品的那一刻。

夏日祭典的晚上，“BongBong松本”，从远处依稀传来这热闹的祭典音乐。每当这个时候，松本市内就有数万人一边跳着舞一边在街上巡游吧，再加上回老家省亲的人们，更是热闹，人气可见一斑。在这喜庆的节日气氛里，我把小桌子搬到了门外，先开了一瓶啤酒。因为是夏日祭典，所以我特意穿上了和服。细细想来，从去年的今日到现在，也有一年没穿了。男人能够穿和服的机会，可真是不多呢。

1 Rosières 的燃气灶

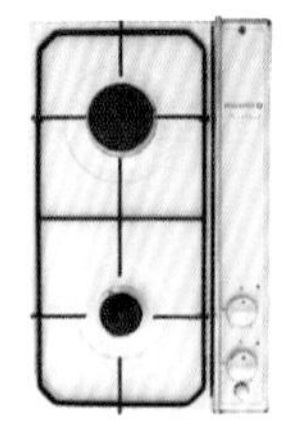

Rosières品牌自1869年成立以来，一直致力于铸铁产品的制造，其暖炉和厨房炉具等在法国颇受欢迎。不仅如此，出色的品质和设计让它们在世界范围内拥有一大批粉丝。由于日本对炉灶的安全探测装置有特别规定，现在这个品牌的炉灶在日本国内停止了贩售。[1]

Rosières 的燃气灶真是一款魅力十足的产品。不过非常可惜的是，现在日本国内根本买不到。原因是2008年《燃气事业法》修订后，法律上强制要求所有燃气灶的每一个灶口都需要安装安全探测装置。不知道是不是 Rosières 公司觉得“制定这样的规矩，我们再也没法配合你们了”，所以干脆不去设计制造任何相应的品种，就这样彻底退出了日本市场。

生活环境的安全和安心，我认为是非常重要的事情。但是，为此干脆连家里的明火燃具等都完全放弃的社会风潮，或许有些过头了。无论怎样祈祷安全和安心，也不可能在社会中完全

1 全书此部分，为大轮俊江撰写的解说文。（编者注）

剔除不安和忧虑的因素。所以，我们应当考虑的并不是把这些不安定因素一刀切除干净、扔掉，而是应该去思考怎样才能和这些不安定因素和平共处。更何况，人们的日常生活与明火的关系，应该是牢牢地存在于人类的深层记忆之中的吧。孰轻孰重？一味地追求安全，总是不对的。

火和人的交往，从几千年前就开始了。当时，对于还风餐露宿在野外的人类来说，篝火保护了人类不受各种野兽袭击。而且，因为有了火，人类才可以烤肉烤鱼，煮制各类谷物，展现食材最大的美味。这些原始记忆至今应该仍深深地留在现代人的身体之中，野性的思考方式是保证人类单枪匹马也能够在荒野中生存下去的力量，即使在现代社会中，这也非常重要。

说着说着，好像有些跑题了。其实我想表达的是，失去了 Rosières 燃气灶这样魅力十足的设计产品，真是让人悲伤和惋惜。

2 Finel 公司的白色珐琅锅

250mm（含手柄）× 190mm × 60mm 珐琅

珐琅是金属基底和玻璃瓷釉经过高温烧制而成的特殊材料，不仅耐用，颜色也鲜艳多选，在厨房用具里颇有人气。三谷先生的爱用品里不仅有珐琅锅，还有珐琅水壶和多用途珐琅方碟等。珐琅表面是玻璃瓷釉的，如果有破损的话，基底的金属也会生锈，所以使用完务必确保其完全干燥后再收纳。

干净的白色和厨房真是绝配。每次用这个白色的珐琅锅烧开了水，把长长的青芦笋放进锅里的时候，我总是忍不住在心里感叹："好美！"是这白色的背景把活泼的翠绿色完全衬托出来了。过去在日本，冰箱、电饭煲这类家用电器通常叫作"白色家电"，因为白色这种干净的颜色和厨房最协调。我一直觉得这是理所应当的，但最近，家电却流行起了银色，甚至还有不少型号的冰箱和电饭煲都没有白色款。或许大家觉得银色更耐脏吧。但我却认为，白色的好处也正是源于它的"不耐脏"。

我很喜欢珐琅这种材质所拥有的独特柔滑感，家里也有不少搪瓷制品。珐琅是金属基底施加了玻璃瓷釉后高温烧制而成

的，所以同时具备了金属的结实耐用，以及玻璃对于各种化学元素不容易起反应的广泛适用性，着实是一种出色的材料。这个锅出品于Finel公司（后来改名为了Arabia），Finel这个名字起源于芬兰语中的“珐琅”。设计师塞波·马拉特（Seppo Mallat）在1969年设计了这个产品。他曾经在昂蒂·诺米斯耐米[1]工作室待过，许多热爱北欧设计的人都是他的粉丝。这个珐琅单柄锅直径很大，即使煮两人份的意大利面也绰绰有余。这个系列里，除了单柄锅以外，还有双耳锅，并且有不少颜色可供选择。设计师对这个单柄锅的每一个细节都花了很大的心思，特别是手柄部分两截式的设计，简直让人惊艳。锅是一种每天都要被使用的厨房用具，因此，结实耐用是一口好锅最基本的特质。不过，像这把白色单柄珐琅锅一样顺手好用，功能出众且各个细节又渗透着纤细、安静气质的好锅，并不多见。

1 昂蒂·诺米斯耐米（Antti Nurmesniemi，1927—2003），20世纪芬兰最重要的设计师之一，在建筑、家具、室内、产品、平面以及摄影等领域都有着卓越贡献，作品被纽约现代艺术博物馆等收藏。

3 柠檬榨汁瓷器

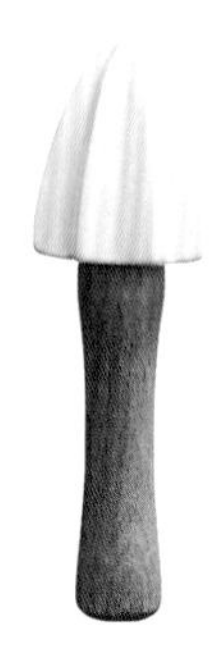

135mm 山毛榉 + 瓷器制

这个柠檬榨汁器约于15年前购于巴黎的The Conran Shop。在无论是意大利面、沙拉还是主菜，都喜欢加些柠檬汁的“柠檬爱好者三谷家”，它可是几乎每一天都会在餐桌上登场的重要角色。另外在巴黎，就算什么都不想买，光是逛逛The Conran Shop或者乐蓬马歇百货店（Le Bon Marché）的厨房用品柜台，也是一件很开心的事。

我是一个很喜欢“白色”的人，瓷器的白色自然也包括于其中。这个柠檬榨汁器是我在法国买的，最心仪的就是由瓷器制成的前端部分。同款的全木制榨汁器很常见，但当用尖头部分去榨柠檬汁的时候，相较于木材，瓷器则不太容易磨损。同时，山毛榉木柄也很舒服顺手。由于是木柄，握在手里不会感觉冰凉，旋转时，恰到好处的摩擦感也很不错。纯木材或纯瓷器，想必也可以做出同样形状的东西来，但瓷器和山毛榉的组合，无论是从白色和木色的和谐搭配，还是从材质和功能上考量，都称得上是一个成功之作。

在厨房里，需要备各式各样的小工具。从红茶罐里把茶叶

舀出来的小勺子，短柄为宜；而负责从玻璃罐里舀果酱的小勺子，则是长柄更佳。如果不符合各自的使用目的，那么无论是哪一种小工具都不会顺手。所以，逛厨房用品柜台是一件很有趣的事情，无论是试试顺手的小工具，还是买些什么，都很有乐趣。不过在购物时，必须一并考虑收纳的问题。就像为小孩买春游的点心时要有金额控制一样，选择购买厨房用品时，也要把家中收纳的上限考虑清楚。

在我家，柠檬是常备的水果。拌沙拉的时候，比起米醋或者意大利醋，柠檬汁更新鲜爽口。另外，在吃肉类和鱼类时，我也会挤上几滴，甚至吃苹果或者柿子的时候配上柠檬汁，还会有沙拉的口感。而在做我的拿手菜——沙丁鱼柠檬意大利面的时候，这个柠檬榨汁器总能大显身手。

4 伊藤环的八寸白泥碟

240mm × 20mm 八寸碟

伊藤先生的作品范围很广，除了白泥、锖银彩釉和枯淡釉的陶器，还有瓷器等。其中，他在釉药里混合了白泥和草木灰烧制而成的白泥陶器温润而有质感，深受大家的喜爱。伊藤先生在制作时有意识地避免过于统一和规整，因此每件成品都有各自的性格，颇有魅力。

伊藤环现在的工作室位于冈山，江户时代挖掘而成的运河千町川河畔。那儿“天空宽广而空灵”，他一见钟情，立刻决定搬到那里。工作室边上就是连接河川与入海口的水闸，水量丰富，芦苇丛生。

从20世纪90年代初期开始，伊藤环就在大学里学习陶艺。当时，还是前卫陶艺十分流行的年代，学生都立志于这一类作品的创作。伊藤环也是这群艺术志向强烈的学生中的一员。其实他的父亲就是一位陶艺家，曾对他说过“毕业了就回自家工作室”，但他一心向着艺术，所以毕业后便留在了关西，一直没有回家。在信乐的“陶艺之森”工作时，他有机会近距离看

到了唐津的中里隆[1]先生的工作场景，“无论是土还是釉药，都不用那么拘泥，而是自由奔放地制作”的状态深深地触动了他。他第一次意识到，“即使是普通的器物，也会因为制作的人而拥有不同的力量，无论是艺术装置，还是日常之器，都是如此”。于是，他下决心回家，开始在父亲手下工作。

在父亲的手下工作了9年之后，他成立了自己的工作室，离开了福冈，在神奈川县的三崎町建了自己的窑，但没有找到愿意销售他作品的店家。无奈之下，他参加了松本工艺祭的选拔，那一年是2006年。翻看当年的选手名单，三苫修、市川孝、富井贵志、余宫隆、木下宝、坂野友纪、小林宽树、土屋美惠子等名字都位列其中，可以说当时是松本工艺祭最辉煌的年代。我还记得当时在展览现场，和小环相遇时候的场景。这个盘子被小环称为“早餐碟”，制作当时，虽然他仍以和式餐具为工作重心，却已经开始考虑烧制西式餐具了。

1 中里隆（1937— ），日本九州北部唐津的陶艺家。中里家族是唐津烧陶艺派系的代表家族，中里隆为家族的第十三代传人。

5 辻和美的玻璃杯

75mm × 55mm

辻和美的工作室兼店铺“factory zoomer”，在横穿金泽市的犀川边上。透明材质、有色材质、不同花纹等，她的玻璃作品的领域很广。店里除了她自己的作品，也陈列着她精选的各式能“让生活变得有趣”的产品。

曾经有一段时期，工艺祭上总能看到制作白色器物的创作者数人并列在一起的情景。但这种现象只能称为“流行”，热潮一旦到达顶点，又一下子冷却下来。不过，这也是自古就常有的事。柳宗理也曾就勒·柯布西耶[1]的建筑和之后模仿者的作品之间的差别如此评论：

“在叫嚣着‘家就是为了居住而存在的机器’的年代，后继的年轻建筑师却领悟错了前人的意思，将一切造型感全盘丢弃，沿着冷冰冰的合理主义建筑的道路越走越远。我看到这些建筑作品时，总觉得干瘪乏味，就好像一块冰冷的石头或一棵没有生命的树。这和那些按照某某指导标准制造出来的系列

1 勒·柯布西耶（Le Corbusier，1887—1965），法国建筑师、室内设计师、雕塑家、画家，是 20 世纪最重要的建筑师之一，被称为“功能主义建筑之父”。

家具如出一辙，没有任何味道。如果这个可以称为‘简约’的话，那相比之下，之前的那些繁复的东西反而好太多了。”

他最后得出的感想便是“其实最后的生命力，就是那些造型感”。

白色器物热潮的消退，其实也是相通的道理。过分简约就等同于干瘪乏味，终将被人们抛弃。但白色器物中，也存在散发持久魅力的产品。两者的差别，便在于所谓的“最后的生命力”，它源自于制作者在“造型感”上所花费的心力。

辻和美的玻璃杯作品中，有一款叫作“普通的杯子”。我每天都会使用杯子，而每当打开橱柜，伸手进去拿杯子的时候，几乎都会下意识地拿出辻和美的玻璃杯。没有任何特殊的花纹，只是一个普通的透明玻璃杯，却有着其他杯子所不具备的触动人心的魅力。这种魅力的来源，我也说不清楚，也许只是一件器物所具有的单纯的力量。这样想来，能够不被流行潮流的涨退所左右的重要元素，就是“制作力”吧。

6 瑞士制造的去皮器

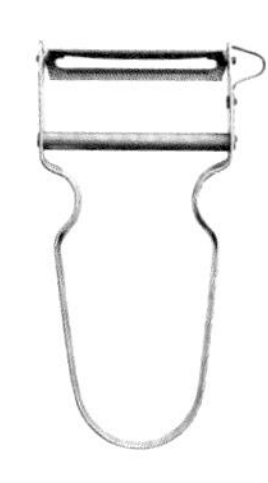

101mm × 63mm 铝制

Zena公司制造的这把REX去皮器，即使在瑞士产的设计品中，也因其锋利而出名，从1947年首次公开销售以来，一直是热销产品。在瑞士，除蔬果去皮之外，人们也经常用它来刨奶酪片。

M女士是挑选奶酪的达人。如果请她帮忙，真的会尝到非常好吃的奶酪。“奶酪有它们的成熟峰点，在完全熟成前，奶酪中心的部分会比较硬，味道也会有些稚嫩。但是一旦过熟，奶酪表面就会变硬，味道也变差了。”由此可见，奶酪是一种必须经过恰当的温度和湿度管理，需要细致观察并判断最佳食用期的食物。可是对于普通人来说，这要求太高了，所以才需要像M女士这样的专业人士。

不过有一天，M女士突然辞去工作，去了瑞士。因为她很热爱设计，所以下定决心要去瑞士进修。这么正当的理由，我也无话可说。但如此一来，M女士帮忙挑选的好奶酪，就无缘再吃到了。几年后，我突然收到了M女士的邮件：“在日本，有几处地方想去看一看，看完了还是要回瑞士的，不过，松本

也是其中一个想去的地方。”我当然欢迎：“请来吧。”

M女士带着她在瑞士念书那所学校的一位建筑系老师一同前来。当时，碰巧正是我在筹备自己的店铺“10cm”的时候，我和老师聊了不少设计上的设想，他的建议是使用大量的玻璃以制造出摩登的效果。但我自己的想法是在“留存原有老建筑的记忆”的基础上改造，所以心里其实并没有接受他的建议，但不得不说，老师的设计方案也十分有趣。这位瑞士人带来的手信，就是Zena这个瑞士厨房用品品牌的代表作：去皮器。在瑞士家庭中，这是一个非常普通的去皮器，但是铝制材质的简素质感和去皮时的好用程度，让我禁不住感慨：这不愧是一件充满了“爱清洁、注重实用之美”的瑞士风格的厨房工具。

7 野餐套装

柚木圆盘 × 2、榆木的六寸方盘 × 4（天然漆处理）、HAKUBOKU杯子 × 4、意大利面叉子 × 4，以及每种器物对应的的minä perhonen收纳袋。

* 照片中的餐具是三谷先生赏花时用的特别版本，平日里，圆盘会代替方盘。

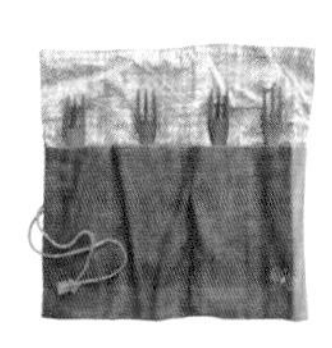

对于始终待在家里，整天忙碌于各种家务的主妇来说，难得的休息日就会很想出门，开车兜风或者去购物，这是顺理成章的事情。相反，从丈夫的角度来看，每天在外工作，到了周末，自然想窝在家里好好休息。站在对方的立场上冷静地思考，一直在家的人想出门，一直在外的人想留在家中，都是能理解的想法。但当自己身心疲惫时，却听到对方说“期待假日里好好玩一下”，也容易因为意见对立而彼此不愉快。对于好不容易到来的休息日，大家一定都是抱着要开开心心度过的想法。此时，当大家一致同意“带着便当和暖壶去野餐”时，这个野餐套装就要登场了。

这个野餐套装是minä perhonen的设计师皆川明制作的。我和他都是那种喜欢大自然，一旦发现了风景好的地方就立刻想在那里好好待一会儿的人。这种喜好其实也表现在工作场所和家的选择上，当要决定在哪里落脚的时候，附近有没有公园或森林，周围的自然环境好不好，就是首要考虑的因素。

即使在家里，我也很喜欢把桌子搬到院子里去吃饭，在这反反复复的过程中，不知不觉收集了一堆适合户外用餐的各种木制餐具。也因此，我一直渴望有一个能够将各种必要的餐具组合好，一起带去户外野餐的收纳袋。在阳光明媚的早晨，当决定“去野餐”的时候，只要带上这个收纳袋，就全无顾虑了。收纳袋里放着的是分餐碟、杯子和叉子，每一种都有四人份。在野外用餐，有了这些，基本上就无后顾之忧了。木盘的直径为19厘米，就是平日早餐时盛放面包的盘子。皆川先生为这些盘子做了一个手风琴形状的袋子，内有四个分袋，这样一来，搬运时就能避免盘子之间互相碰撞。而用天然漆处理过的杯子，即使装了滚烫的热咖啡，也不会烫手。而且，杯子能恰到好处地装入袋子里，即便在爬山的时候，也可以方便地拿取，十分好用。剩下的，便是木叉。将这三件宝贝，以及在传递食物时使用的直径30厘米的木托盘收纳好，然后装进一个大布袋里。木制餐具不容易损坏，而且分量很轻，方便搬运，是非常适合户外野餐的。

当然，根据野餐当日的不同计划，也可以进行各种增补。和式重箱或者是西式的午餐盒，可以放进竹篮；如果有喝葡萄酒的计划，那就会用到羊毛毡制成的葡萄酒瓶运袋。这个袋子是浦田由美子做的，厚厚的羊毛毡就像软垫一样，即使是容易打破的玻璃瓶，也可以安心地运输。如果是开车去比较远的地方野餐，大多会带上野餐桌和野餐椅，如果是步行前往，那么野餐垫就够了。

从日本地图上看，松本位于日本的正中央，整个地区都是高地，所以一年中有几乎半年的时间都可以算是冬季。正因为当地气候宜人的时间很短，所以一旦到了此时，总会忍不住想往野外跑。

8 Sunbeam公司的面包烤箱(经典款)

210mm × 290mm（底部） × 185mm
可同时烤2块面包
这个面包烤箱是美国的家电厂商Sunbeam公司从20世纪40年代就开始销售的产品。1997年该公司倒闭后，这款烤箱就成了绝版。典型的世纪中期现代主义[1]风格使它如今在收集爱好者中拥有很高的人气。

我小时候，家里的面包烤箱是左右两边的盖子可以打开的那一种。切片面包烤完单面之后，打开盖子，翻个面继续烤。这种烤法，单是过程就充满乐趣，所以我自告奋勇地要求成为“烤面包员”。而现在使用的这个面包烤箱，是弹出式的，可以把切片面包的两面一次性烤好，并自动弹出。美国人很擅长这种发明，比如苹果去皮器、玉米剥粒器等，不知应该把其归结为便利用品，还是“可有可无”类别的产品。当电热器变红时，烤箱会发出“叮”的一声，到烤完后，机器又会“咔嗒咔嗒”地响，然后猛地弹出面包片，让人有些猝不及防。也许就

1　世纪中期现代主义（mid-century modern），指20世纪中期的1933年至1965年，在美国发展的现代主义设计风格，涵盖建筑设计、室内设计、产品设计及图形设计等领域。

是这些朴素的纯机械运作部分，让人们感受到了电子时代中少见的豁达感。

这款面包烤箱诞生于20世纪40年代，当时，由于美国在第一次世界大战中没有受到任何破坏，所以世界的中心一下子从欧洲转移到了美国。在当时汽车产业的带领下，量产模式逐渐确立。那是一个大量生产、大量消费的年代，对设计的需求也随之增大，世纪中期现代主义设计风格就在那时遍地开花了。

20世纪50年代末期，日本国内兴起“三大家电神器”的说法，黑白电视机、冰箱、洗衣机这三种家电，每一个人都梦寐以求。当时，量产商品和人们的幸福生活紧密地联系在一起。不过，供过于求的现象立刻就打破了这个梦，时代冲入了物资过剩的阶段。

当时，也是音乐的怀旧年代，各种流行金曲此起彼伏地诞生。有一个女生四人乐队The Chordettes，她们那首《棒棒糖》（*Lollipop*）被人们誉为“没有半丝乌云遮盖般明亮”，而这款面包烤箱，就有着相同的气质。

9 黄油盒

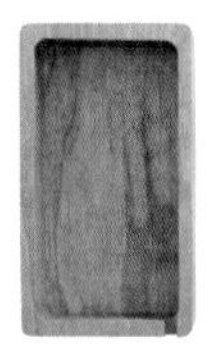
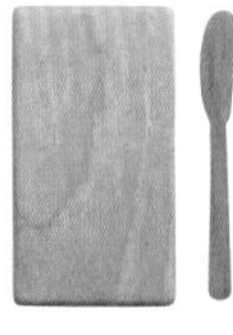

147mm × 84mm × 42mm 核桃木 木蜡油处理

*** 黄油刀为附属品**

这一款黄油盒是三谷先生从1983年开始制作的第一款常销品，也是他的代表作。最早使用山樱木为原料，后因为厚度适中的山樱木材难以觅得，便逐渐转用核桃木。

黄油盒是我开始制作餐具时的第一款作品。人们常说，工艺师的处女作通常凝聚了这个人的思想精华，不知到底是不是这样。

做黄油盒的契机源于当时读的那本伊丹十三的著作《女人们啊！》。伊丹先生是一个能够把日常口语自然地运用于文章中的人，即使描述历史事件，他也不会使用教科书式的刻板语言，而是用充满日常感的文字讲述故事，让人仿佛亲临事件现场。他的文字读来很新鲜，生命力旺盛。因为这本书，我对黄油盒产生了兴趣，伊丹先生还让我明白了这样一个道理：对于一件物品来说，专家们常爱挂在嘴边的所谓传统、技术等理论，与它们实际在普通家庭中使用时所展现的生命力相比，根本不重要。

对于在日常生活中使用的东西，厉害的技术或者十分特别的材质，都并不必要。它们所必须具备的，应当是能经得起长年累月的使用而不会让人厌倦，始终保持新鲜感，以及令人舒心的使用感。有这样的物品相伴，我们一定能心情愉快地生活。想必对我来说，这就是好物的标准，也是我制作黄油盒的原点。

比起正式场合，我更关注日常生活。当然，拥有一些为特别的日子准备的物品，必然会增加生活的深度，但在平日预算有限或是并不宽裕的情况下，还是应当把日常使用的器物，作为最重要的东西。

10 旧陆军的有田制碗

125mm（碗口直径）×65mm

昭和十五年（1940）前后，统制时代（计划经济时代）所制作的第一批陆军用餐具。星星的标志是代表陆军的标识。碗底的高台上有“肥28”的字样，这个是统制的编号，表示此碗是在佐贺县（肥前）烧制而成。除此以外，“岐19”（岐阜县多治见）、“濑30”（爱知县濑户）等也很常见。

因为正好和展览会的时间契合，我便去了福冈的筥崎宫参道上举办的古董市集。这样的户外古董市集，在日本各地都有，市集上的东西鱼龙混杂，往往仅有极小一部分是真正有价值的。想要在现场找到自己心仪的好东西，多半会受挫。于是我抱着散步的心情，在各个摊位前转悠。走到一半，突然有一只碗让我眼前一亮，拿在手里仔细端详，有些暗沉的浅灰色的瓷器质地上有一颗星形图案，碗底则印着“肥28”的字样。我觉得很有意思，便叫来了摊主，不料对方正是我的一位朋友，在福冈当地经营一家名为“FUKUYA”的器物店。

“怪不得这碗有些意思呢。”

“FUKUYA”是朋友夫妇共同经营的店，他们俩从中学开

始就对古董旧物产生了兴趣，据说第一次相遇也是在器物店，是两个颇有些早熟的小孩。所以他俩尽管年纪不大，眼界却很高，选东西的品味也非常好。我每次去福冈，都会去他们的店里看看。

这只碗是战争年代，旧陆军在有田一带烧制的。除此以外，还有一只稍大一圈的小型盖浇饭碗和一只小钵，三件构成一套，分配给军人作为餐具使用。由于是军用物资，能够大批量地烧制，应该是最先考虑的因素。另外，本着实用原则，使用顺手、方便收拾、不容易损坏等因素也十分重要。至于是否美观，恐怕当时根本没有放入讨论清单。不过，也许正因为要求十分明确，所以自然而然地制成了使用最方便的器形。“如此直接的制作态度，对一件物品来说十分重要。”这只碗，让我重新认识到了这一点。

11 面包盘

190mm × 23mm 山樱 木蜡油处理

照片上的盘子，表面用转轮刀具处理得很光滑。除此以外，也有用凿子处理成有雕刻痕迹的作品。另外，还有比这个盘子小上一圈的，直径180毫米的式样。为了让盘子能够吸收热面包的湿气，表面特意上了一层木蜡油。这种处理方式也用于1983年开始制作的常销品黄油盒。

我的早餐以面包为主，与面包相关的餐具自然而然地多了起来。平时，我一般在自家附近的固定面包店选购，有时也会请熟人开的面包店直接快递一些来。法式吐司、热三明治、蜂蜜黄油吐司……吃法各种各样，有时候，我还会自己调面粉，做薄煎饼之类。如果连续吃上几天薄煎饼，那很有可能在某天早晨，家里的餐桌上突然就多了一把新的木制薄煎饼刀。

在今天的日本，各处都能见到经营得十分认真的面包店、咖啡烘焙屋、果酱店等。它们的好，在于经营者对自己所做之事发自内心地热爱。若想维持经营，这一点尤为重要。另一方面，他们为了做出真正的好东西十分拼命，常常能听到“从夜里12点起来开始工作”这样的事。正是这种精神支撑起了当今

日本的早餐文化。他们的工作姿态，其实和每天埋头苦干，一心一意做着手艺活的工艺从业者们的工作姿态很相似。这种匠人精神刻于日本人的DNA之中，生生不息。

从米饭转向面包，饮食文化的改变也相应地催生着餐具的变化。慢慢地，除去饭碗、汤碗等日本传统饮食的基本食器外，家庭橱柜里，也会逐渐添加面包盘、西式汤碗等餐具。由此可见，面包文化在日本已经羽翼丰满。但是，吃米饭的人和使用碗的人逐渐减少的现状，并非好事，日本传统饮食文化中的早餐，想必一定会被重新认识，然后浩浩荡荡地卷土重来。

12 有盖容器

108mm（闭合状态） × 110mm
山樱 木蜡油处理
这个双盖结构的容器，因为有了内盖，能够更好地防止湿气进入，除了存放咖啡豆，还可以作为茶筒使用，甚至用来保存香料也很适合。量勺同样也是三谷先生的作品（43mm× 32mm，山樱，木蜡油处理，单独销售），推荐和有盖容器搭配使用。

在名古屋拥有自己店铺“coffee Kajita”的梶田先生，一直以来经常到日本各地举办“咖啡茶会”。在他这个项目刚开始的时候，我也邀请他来我的展览上举办过。但“咖啡茶会”究竟是什么？那要从我初次遇到梶田先生，和他深聊的那次经历说起。

梶田先生很久以前就接受过专业的茶道训练，与茶亲近，并从中受益良多。但是他也在考虑一件事情：为什么不能用同样和我们的生活十分亲近的咖啡和蛋糕，来做类似茶会的活动呢？咖啡虽然是外来商品，但早已在我们的日常生活中落地生根，成了不可或缺的一部分。既然咖啡代表的饮茶文化已融入我们的生活，那么为什么不能将其像茶道般纯化一番，将它提升为另一种享受生活的方式呢？品饮咖啡不仅可以成为直面自

己的时间，也能制造出与各种人接触的机会。另一方面，日本传统文化中的茶世界，如今已经变得仅仅流于形式，而丢失了其中最为重要的待客精神。这种时候，用截然不同的咖啡文化与传统茶文化碰撞，说不定可以让浮于表面的形式主义解体，开始重新构建的过程。

听梶田先生这么说，我下定决心要做一些在“咖啡茶会”上使用的新工具。量勺、搁置过滤器的杯子、托盘，另外还有专门放滤纸的小木盒。这个四方形的小木盒很薄，大约能够放四五张滤纸，却是“咖啡茶会”重要的工具。还有就是图片中这个原本作为抹茶容器，现在专用于装咖啡豆的有盖容器了。

13 磨豆机的盖子

110mm × 14mm　桦木 木蜡油处理

创办于1955年的咖啡机器厂家“富士咖机”出品的磨豆机mirukko，不仅拥有商用级别的专业性能，小巧又有设计感的外形使其放置在普通家庭中也不觉突兀，因而广受欢迎。三谷先生为其制作的盖子，在mirukko的用户中一度成为话题，订单蜂拥而至。

我买了一台新的咖啡磨豆机。以前的那台德国制造的磨豆机（螺旋桨式样，使用时会发出很大的“嗡嗡”声，再加上马达声，很吵闹），塑料盖子坏了。于是，我去问周围那些自己烘焙咖啡豆的朋友，什么样的电动咖啡磨豆机比较好，结果大家异口同声地说：“如果是家庭用的话，那么一定是富士咖机的mirukko啦。”mirukko用上手之后，甚至会懊恼“以前竟浪费了那么多时间在磨豆子上”，mirukko不仅磨豆迅速，还没有噪音，很快它就融入了我的家，每天早晨我都会使用它。在这个过程中，我逐渐发现了几处不舒服的细节，便动手将其修整了一把（请不要见怪，每个家庭总有不同的需求）。

第一个就是用来装磨好的咖啡粉的黑色盒子，因为材质的原因，这个盒子很容易起静电，于是咖啡粉全部都粘在了盒壁

上，很难打理。因为家里正好有一个差不多大小的玻璃容器，我就用它换掉了黑色盒子。另一个问题是，磨豆机上装咖啡豆的透明半圆体的盖子竟然是粉红色的，真的让我有些抓狂，于是，我自己做了一个木盖子换上了。

就这样过了半年，也没有想到，真的还有不少人在用mirukko，“我也想要那样一个木盖子”的订单来了不少，于是我又做了一些。

最近在看杂志的时候，我看到了原厂出品的mirukko木盖，信息的传播速度真是快到令人吃惊。不过，看到正式途径出品的木盖mirukko，也总算让我觉得自己肩上的担子轻了不少。

14 210平檐盘

直径210mm 核桃木 木蜡油处理

以前三谷先生曾经用紫檀木做过这款作品，后因原料稀缺，现在只有核桃木材质的了。该系列有各种尺寸，根据大家的使用便利度和好评度，这一款210毫米直径的成了标准款产品。不仅分量很轻，方便携带搬运，还不容易损坏，可以说是最适合户外活动的餐具之一了。

Instagram等社交网络上，拍摄自家做的各种菜式的人越来越多，不少照片看上去就跟杂志刊登的一样。我想这不仅是相机的不断升级所致，更重要的是主妇们高超的烹饪技术，以及在餐具的选择能力、造型设计能力的提升和拍摄技术上的进步。当然，对于专业摄影师来说，这些照片或许都不怎么样，甚至还会有人对它们嗤之以鼻，但这归根结底是专业人士的意见。如今社交网络上的此番景象，让普通的主妇们从外食的被动消费者，变得愿意主动烹饪，学会享受制作过程，并从自己的成果中体会到烹饪的乐趣（撇开水平参差不齐的问题不谈）。对原本被家庭束缚的主妇们来说，这种分享不仅让她们找到了有共同爱好的朋友，也让她们找到了愉悦心情的一种好方法。

在此热潮下，家庭派对等聚会变得轻快而流行起来，大家也都乐在其中，我也经常会被朋友邀请去参加家宴。现在，比起在那些味道很一般的餐厅用餐，大家更愿意在家里亲手烹饪更丰盛可口的家庭料理。同时，由于通过在外尝试各种美食而拥有了丰富的信息量，手艺比半吊子的专业厨师好上几倍的人也非常多。这款平檐盘，很适合立餐派对，核桃木的材质使它的气质沉稳又有风韵，和纸盘子有天壤之别。因为重量很轻，而且平面面积大，所以轻轻松松就能装下三种不同的料理，甚至还可以留出放酒杯的位置。

主妇们在向杂志上所呈现的美好生活状态靠近，并且逐渐将其变成自己能真切享受的真实生活。

15 HAKUBOKU杯子

70mm（杯口直径）×60mm 核桃木
涂上天然漆后又擦拭掉，这循环操作的过程就是“拭漆”工艺，HAKUBOKU杯子的外壁部分，都采用了这种工艺，内壁则涂上了白色的天然漆。这款杯子是大约8年前，三谷先生作为咖啡杯设计的。白色的内壁则是为了能清晰显示所倒入咖啡的量所做的设计。

这个杯子，大约是从我着手制作白漆餐具算起，第十年的时候制作的。

在漆的世界里，大体只有黑和红两种颜色。这是经过漫长岁月，由优胜劣汰的法则所筛选出的，最能呈现漆之美的两种颜色，因此被称为“必然之色”。而我希望让白色也加入其中，成为另一个“漆的颜色”。这种白色要能够融入日常生活，和一切都像老朋友一般熟稔。为了不让这个想法仅仅停留在简单的尝试上，我一直反复试验着各种可能性，并最终找到了可行的方法：先用凿子在表面雕刻出纹理，再涂上白色的天然漆。

这样做的灵感，源于我和一位画廊店主的谈话。店主告诉我，好的画，无论是在画布上还是在木板上，都让人感到颜料

是和画紧密贴合的，而看上去轻飘飘、没有什么深度的作品，则会让人觉得如果把整幅画翻转过来，拿着画框在地上“咚咚咚”地敲，那些颜料就会“啪啦啪啦”地掉下来（虽然实际上并不会）。这其实并非在讨论颜料黏着力的强弱，而是在说一幅画是否能印刻进人的心里，浸透内心。涂了白漆的器物，也与其相通。它们能否随着时间的流逝，融入我们的生活，能否呈现质感和深度，这些都和我工作的质量紧密相关。如何让白漆以最自然的方式呈现出来，是我一直在思考的问题。

白色和墨色，在日文里的读音就是HAKU和BOKU。红色是高贵、隆重的色彩，而白色则代表洁净，是万物初始之色。我希望这种白色，能够随着日常使用带来的摩擦和渗透，变成如同有漏雨纹的粉引器物之色，或者是防潮堤的木板桥的颜色，但是，至今都还未达到自己的期望。

16 刀叉盒

270mm × 90mm × 40mm

山樱 木蜡油处理

除了山樱木，这款刀叉盒也有橡木和柚木材质。90毫米的宽度可以放置刀叉，而同款中60毫米宽的则是作为筷盒而设计。这款刀叉盒很适合收纳三谷先生的作品中备受喜爱的木叉。

去朋友家玩的时候，发现他们的孩子用稚嫩的手握起木勺，熟练地舀着米饭吃，不禁感慨："已经可以自己一个人吃得这么好了。"我是看着这个孩子出生的，仿佛一眨眼的工夫，他就从圆滚滚爬来爬去的毛头婴儿，长成了一个小大人。成长真是一件神奇的事。而且，小朋友专注地使用勺子的样子，就好像为木勺注入了新的生命力，让它变得鲜活起来。这样使用餐具，才最能体现出它们的美啊。

作为手艺人，我们每天都在考虑用具的功能、外形的美观，以及不同原材料的质感等问题。但是，用具只有真正地被人们作为生活工具使用了，在人们的生活中扎了根，才算真正地完成了它们的使命。也就是说，物品只有经过人手的实际使用，才能成为生活用品。在这之前，它们都处于一个不完整的状态之中。

刀叉盒的功能，是用于在餐桌上集中放置勺子、叉子等餐具，某种意义上和家庭用筷盒类似。这个盒子并不适合一本正经的宴会，而更适合轻松自由的聚餐。刀叉清洗之后，也可以再放回盒里，将之作为分类整理餐具的收纳盒使用。虽然给它起了“刀叉盒”的名字，但也不用因此局限于刀叉，你可以把它作为笔盒，也可以在吃暖锅的时候用它放大汤勺，请自由地使用它吧。

有一天，我去拜访一位装订师，就带了这个盒子作为手信。由于工作关系，这位师傅会使用到很多类似平刮刀的工具。“啊，一直想要一个这样的收纳盒呢！”他立刻把工具都放了进去。也许是因为放在工作台上的关系，这个木盒比起平时看起来更有型了。

17 黑漆大碗

300mm × 80mm 山樱

1996年，三谷先生在原有的工坊之外，新建了一个工坊专用来做漆器，这只黑漆大碗大约就是那个时候开始制作的黑漆系列中的作品。三谷先生从大盘开始，慢慢延展到了杯子等小型器皿的制作。现在，直径130毫米的碗和托盘，都已经成为了黑漆系列的标准款产品。

从开始制作器物算起大约第十个年头，我开始涉足漆器。用凿子在厚实的樱木上一刀刀刻下，然后上一层植物油处理表面。久而久之，我开始思考：如果用天然漆处理木器的表面，会是怎样一个效果呢？如此一来，又为器物增添了一种新的可能性呢。

虽然很想学漆艺，但是和木工不同，详细的漆艺技术类书籍基本没有。于是我去了离松本最近的漆器生产地平泽，拜访了那里的专职训练所。然而当地政府出于留住人才的想法，规定如果不把户籍转到当地，就没有资格去接受职业训练。对于已经成家的我来说，这并不现实。无奈之下，我只能一次次前往当地，在专卖漆的原材料店里打听具体的使用方法，去当地的漆器机构请教各种知识，甚至还拜访了当地的漆器匠人，

跟着他们边看边学，这样慢慢摸索，很不容易地掌握了做漆的方法。

我用学来的这些漆艺技术所做的第一个作品，就是这只大碗。只是以制作日常使用的木器为主的我，并不想把漆器做成只能在拘谨的高级场所使用的东西。即使是漆器，也希望能为日常所用。于是，我用铁浆[1]把木坯染黑，然后在上面涂透明的天然漆，这样做成的漆器，虽然是黑色的，却仍旧能够保持木材原本的质感。

就这样又过了20年，最近我又尝试着做了几只这样的大碗，做的时候，明显感觉自己和漆器的距离又近了不少。由凿子刻出的截面，由于漆的作用，看上去就像被切割过的玻璃一样光亮，这些小截面连接起来，就成了一个整体。从某种角度上看，这只碗也很像一件雕刻作品。我也终于做出了这样的漆器呀！

1 铁浆，一种浸泡铁粉或铁片的醋酸溶液。古代日本女性用其染黑牙齿，以此为美。

由秋入冬

我的工坊在一个苹果园里。当一颗颗苹果已压弯了枝头，我便请梶田真二先生和智美女士前来办了一场“咖啡茶会”。这次茶会的客人是陶艺家安藤雅信和他的太太。他们和梶田先生也是老朋友，我们的关系好比茶道的前辈和师弟。坐在阳台上放眼望去，苹果树林如一片汪洋，我们品尝着香草茶、蛋糕、栗子浓汤，在秋日透明晴朗的天空下，真是度过了一个舒爽的下午。

之后，我们在苹果园散步，并来到了专门用来做漆的工坊。这是一栋已经有60年历史的老房子，土墙都有些剥落了。坐在漆工坊的茶席上，时间仿佛静止了，周围安静得似乎连泉水滴落的细微声响都清晰可辨。安藤雅信先生既是陶艺家，也是百草艺廊的主人。他每一次寄来的展览预告信，从为什么想要举办这样一个展，到其中的经过和各种细节，都写得十分详细。他这份恒久不变的认真，总让我十分感慨。

右页的白色杯子叫作“三谷杯”，其制作缘起于安藤雅信先生在百草艺廊举办的一个名为“各式茶箱”的展览。我以“在户外也能够享受咖啡”为主题设计了这个杯子，然后安藤先生把它烧制了出来。这个杯子比起吃荞麦面时装蘸汁的猪口杯大上一圈，显得很稳重，在展览之后就成为了安藤先生的标准款产品。当天还有一个小插曲：梶田先生不知为何那天特别紧张，我依稀记得他在倒热水时，手一直细微地颤抖，热水壶盖轻轻敲打着壶身，发出了“咔嗒咔嗒”的声音。

从山丘上俯览被茫茫大雪覆盖了的松本，仿佛能隐隐看见从远古时期就扎根于此，努力生活着的人们的身影。无论时光如何流转，伟大的自然和生存于其间的渺小人类，都没有任何的改变。人们为了烧煮食物，为了取暖，从森林中找来木柴，燃起了火。这些火，就如同点亮生命的灯。木柴很快被用完，人们再去森林中找来新的，如此循环往复。即使在今日，在温暖的房间中看到炉膛中燃烧着的火焰时，人们仍会感到内心的满足和安定。

冬日里，一到傍晚5点，周围就漆黑一片了。这个时候，我便开始收拾工具，准备晚餐。我不仅很爱做东西，也很热爱生活。工艺师们总会忍不住把兴趣和注意力放在技术方面，但一旦追问自己，究竟是为了什么、为了谁去研究技术，却变得不那么明了了。而不明了的原因，在我看来，应当就是不小心忘记了自己也是一个过着日常生活的普通人吧。

把锅子放在烧柴的暖炉上，慢慢加热放了肉桂等香料的红酒，这种小小的铸铁锅，用来做热红酒再方便不过。顺手把金属网也架上，放上面包一烤，简简单单的一餐便做成了。有时候，这点分量的晚餐，反而让身心都很愉悦。一手捧着书，一手拿着热红酒慢慢地喝，这样惬意的时间，应该就是在小房子的日常生活中最让人觉得快乐的时光吧。

18 “有次”的厨刀“和心”

180mm（刀面部分）
“和心”是1560年创建的刀具老店“有次”的家庭系列产品之一。这把刀于四五年前，由三谷先生购于京都锦市场的“有次”老店。刀面刻有店名。即使在使用中产生小伤痕，稍加打磨便焕然一新。木制刀柄同样充满魅力。

动物们因为拥有尖利的牙齿和强有力的上下颚，所以很容易就可以把肉类的筋咬断，抑或把坚硬的坚果外壳咬碎。人类办不到，所以需要借用手和工具来切割或粉碎食物。厨刀就是因此而生的工具之一。我们把用牙齿嚼碎食物的过程称为“咀嚼”，而人类正是借助手和工具，进行着某种意义上的“咀嚼”。关于“咀嚼”，还有“整理并理解事物和语言的含义”这一层意思。在使用刻刀工作的过程中，我时常感到自己犹如在挖掘木头的深处，挖掘事物中潜藏的某种东西。而所谓“技术”，应当蕴含着相同的意义吧。

我家的厨刀，用的是“有次”的产品。“有次”最早从锻打铁器起家，至今已经有450多年的历史。其中，制作时间最久的是小刀和雕刻刀。进入明治时期之后，由于佛像和能剧面具

的工匠们对工具的需求减少，“有次”便开始逐渐增加了厨刀和锅具的制作。京都的确有很多传统手工艺被良好地保存了下来，其中绝大多数都和“有次”一样，是通过顺应时代潮流不断调整自己的产品而生存下来的。对于他们来说，某一个具体的形态并不是那么重要，最为重要的是技术本身。

“有次”的厨刀分为真锻（本烧）、上制（本霞）、特制、登录四个级别，共有一百多种产品，无论是专业厨师还是普通家庭主妇，都可以从中找到合适的一把。我使用的这把“和心”，刀面采用了不锈钢，刀刃部分最前端则用钢材，这种结合称为“三层钢”，兼具了切割锐利和不易生锈的优点。我当时询问过店里的师傅，这把刀和“本霞”有什么区别，师傅说，虽然“和心”比“本霞”的刀便宜一些，但也不存在任何切割力上的问题。当然，最高级别的厨刀所具备的切割力和使用的顺手度必定是非常厉害的，用于一般家庭料理的话，“和心”的锐利切割感，也一定能让你十分惊喜。

19 白瓷八角小碟

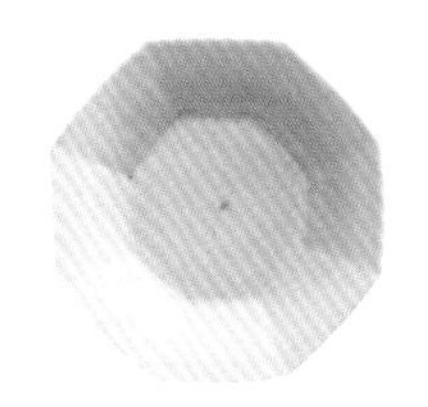

130mm × 30mm

这个碟子购于九州的器物店。白色的泥坯配合杂质很少的透明灰釉，用高温烧制而成——这种白瓷最早在6世纪生产于中国。大约从江户时代初期开始，日本国内伊贺藩的朝鲜陶艺工人也开始烧制这种白瓷，这便是此后著名的有田烧。

对于自己喜欢的餐具，自然会频繁使用。因为即使在无意识的状态下，也会向其伸手。这个白瓷八角小碟便是如此，每当想要分食小碟的时候，拿上桌的必然是它。这个小巧的碟子直径约为13厘米，或许因为是古董，没有瓷器那种坚硬的触感，而是在表面呈现出纤细的肌肤感，整体的白色也并不那么均匀，细微的差别展现出了温润柔软之感。据说，这个碟子是幕府时期，在有田的窑里烧制而成的。在转轮拉坯成了初型后，再用专门的模型压制而出，这种技法称为“型打成形”。这款碟子，我收了一套共5个，但不知因为是柴窑烧制的关系，还是因为此套装早已经被重新组合过，这5个碟子，每一个都有着完全不同的表情和气质。

在那之后，我在陶艺家山本亮平先生的展览上，看到了同

样形状和大小的白瓷八角小碟。山本先生一直致力于复刻有田烧的传统经典器型。当年在美术大学学习雕刻的时候，他遇到了黑田泰藏的白瓷作品，从此和器物结下不解之缘。但是山本先生最为有趣的地方，是在知晓并理解了黑田先生那种摩登的白瓷之后，却没有沿着同样的方向前进，而是选择回到古老的白瓷产地有田，转校进了当地的窑烧大学。比起表面的形态，他对于“回归本源”抱有更强烈的意愿。

去年，我去了山本先生在有田的家。他家周围有很多唐津的旧窑遗址，让人感觉他就在有田烧的源头工作着。走访唐津和有田的古窑，同时自己做陶瓷；用身体，而非头脑，去吸收当地传统陶瓷的精华，这便是山本先生的制作理念。他用柴窑新烧制的方碟子，很快就会寄到了。

20 Finel公司的珐琅单柄锅

130mm × 93mm × 120mm（手柄） 珐琅制
购于长野县上田市一家名为“HARUTA”的店。此锅由芬兰Finel公司生产，宽手柄的设计让人印象深刻。设计师和第25页的白色珐琅锅相同，都是塞波·马拉特。因为已经停产，世界各地的收藏家都对其垂涎万分。

沉稳的深蓝色锅身，加上磨砂的黑色手柄——这款珐琅锅的色彩搭配很美。和我前文提到的白色珐琅锅一样，都是芬兰的Finel公司的产品，甚至连设计师也是同一人。两者都是设计出众，完成度非常高的作品。关于设计师马拉特先生我并不十分了解，但知道他在1963年进入昂蒂·诺米斯耐米的工作室，并且成为了他最优秀的弟子。

这个锅的直径是14.5厘米，造型小巧，并不会占地方。但它具有一定深度，竟能够装进不少的东西，既适合做1—2人份的味噌汤或者煮物，若要用来油炸食物，也可以很好地控制油量。虽然十分好用，但仔细想来，这样大小的锅真的不多见。设计也恰到好处，不张扬。例如，手柄和锅身结合部位的处理，干净利落——由于容易导热，又承担着整个锅的重量，其实并不好处理。而且，手柄的设计也很简洁，实际握在手里的

平衡感又很好。另外值得一提的是锅盖的把手，市面上常见的是翻转锅盖就能看到连接把手的螺丝，但这款作品即使在这个细节上，也处理得很收敛。这种有些神经质般地将各个细节完善到极致的做法，非常打动我。无论是设计师还是工艺师，在做东西的时候都会不自觉地想要加入一些与众不同的元素，但是，夸张的器形或者缺乏合理性的形态，在实际使用中就会变成无法忽视的致命伤。所以比起这些，尽量收敛设计，然后将器物的细节处理到极致，让使用者不会感到任何不适不便，才最值得重视。

21 Copco的铸铁锅

210mm × 100mm

铸造公司Copco成立于20世纪60年代的美国，这个系列是其与丹麦铸铁厂家的合作产品。设计师名叫迈克尔·麦克斯（Michael Max），居住在芬兰，曾任职于卡伊·弗兰克[1]的工作室。

这是美国Copco公司的铸铁锅。设计师迈克尔·麦克斯参与过Dansk等品牌的设计。

我拥有Copco公司生产的多个不同铸造锅具，但纯粹的铸铁锅仅此一件，它的表面还特别做了珐琅处理。我原本就是很喜爱铸造器物的人，对于珐琅也是十分喜爱，这款有盖的珐琅铸铁锅，真是深得我心。对锅具的喜爱，究其原因，一方面是铸造的质感和其经久不变的特性带来的安心感，另一方面是珐琅表面的玻璃质感使它更容易融入日常生活。我想正是这两点让它成了我的爱用之物。

1　卡伊·弗兰克（Kaj Franck，1911—1989），第二次世界大战之后芬兰最杰出的设计师之一。一生为芬兰陶瓷玻璃艺术和芬兰艺术表现形式的发展做出了重大贡献。他的作品以简约、永恒、实用而著称。

我经常用它来煮米饭。在我看来，电饭煲是一种很占厨房空间的工具，但是锅的用途很广，这便解决了整体收纳的问题。而且会用锅煮饭，意味着掌握了一项生活技能，也能带来成就感。

每一个人都有自己的煮饭方式。我的方式是：把米淘好后，用1合[1]米对1合水，放置30分钟至1小时后，上灶加热，沸腾之后，转小火，再煮12—13分钟。关火前，用大火烧10秒，关火后，不立刻开盖子，闷上10分钟。

铸铁锅洗完后如果就这么放着，很容易生锈，放置处也容易留下环形的污渍。所以最好的保养方法是，洗完后重新在火上稍稍加热，让水分蒸发，等冷却之后，再收纳起来。

对了，铸铁的质地使其在煮黑豆的时候，无须加入铁钉也能将黑豆煮得乌黑锃亮。

1 合，日本度量衡制尺贯法中的体积单位，1合等于1升的1/10。

22 村木雄儿的唐津饭碗

120mm（碗口直径）× 75mm 陶器

陶艺家村木雄儿先生的“素色唐津”碗。村木先生曾经在濑户和德岛学习陶艺，现在定居伊豆制陶。和那些有花纹的“绘唐津”不同，“素色唐津”的特点就是仅仅在素烧坯上涂上长石釉和土灰釉，然后依据烧制的过程中这些釉药经过流淌而产生的不同质感来表现整个作品。这样的作品通常质朴而有温度，所以很有人气。

我从30岁左右，慢慢开始使用个人作者烧制的器物。虽然我并不那么懂陶艺，但出于个人的审美喜好，对于那些器物形态过于夸张、不自然的器物，或是如工业制品般平滑规整的东西，我很反感。在这些个人作者烧制的器物中，我对吉野靖义先生的唐津器物一见钟情，于是开始陆续买入他做的那些粉引小酒杯和绘唐津小碟子之类（当时我也并不富裕）。之后，我从“生活之器花田”（暮らしのうつわ花田）店里得到冈伸一先生烧制的一件白瓷盘，非常喜欢。它本是在西餐中用来盛放肉类和鱼类等主菜的餐具，却与和式料理也相配，同时也有一定深度，是件让人不会厌倦的作品。自从有了这个盘子，我家橱柜的主题便成为了“素白”。一来二往，我发现之前买的那

些唐津食器，渐渐不再被我使用了。但是就在五六年前，我得到了村木雄儿先生用柴窑烧制的一个唐津六寸钵，它让我再次感受到了唐津器物的美。特别是用这个六寸钵装煮蔬菜，看上去也比平日美味许多，我想这就是器物的魅力所在。

我刚开始涉足器物的时候，正是现代陶艺大行其道之时。但在主流之外，也有一些手艺人勤勤恳恳地烧制着“生活器物”。早在“生活陶艺”开始流行以前，就有一群陶艺师遵循内心，坚定地烧制着各种生活器物，并持续至今。我这一代后辈是在他们的指引下开始制作的。而当时那股“生活造物”的涓涓细流，经过这20年的历练和发展，如今已成为宽广的大河。围绕着生活之器，以及这20年间手工艺界的风起云涌，我在思考着这些现象的同时，也在尝试解答这样的叩问：“我究竟处于什么位置，又应该去往哪里？”

23 冈泽悦子的半瓷有檐盘

185mm × 37mm

冈泽女士在制作器物时，总是以“对自己来说最重要的是什么”这一拷问开始的。擅长制作日常器物的她，在个人网站上还登载了不少菜谱，“尊重日常生活中产生的器形并仔细地将其烧制出来”“最喜欢朴素明朗的器形”——她的个人哲学从中一览无遗。

松本出生的冈泽女士在九谷学习陶艺之后，回到家乡，建立了自己的工坊。最近她把家和工坊都搬去了安云野，这对我来说恰是一个拜访她的好机会。她家在一片一望无垠的苹果园里，抬头便是广袤的山脉。一进她家，就可以看到一整面涂得雪白的墙，真是一个明亮又舒爽的工作场所。仅从这个细节，就能看出冈泽女士是一个对日常生活和工作十分用心的人。“每天的三餐，都要愉悦舒爽地吃才好。这一点是我一直提醒自己要做到的。”冈泽女士这样说道。她是一个将生活和自己的工作联系得非常紧密的陶艺家。

冈泽女士的器物虽为白色，却是具有温度的白。半瓷器的材质，加上带有磨砂感的釉色，给人以柔软温润之感。无论是用来盛装蛋糕西点，还是作为晚餐时的分餐碟，都能完美胜

任，在便利度和包容性上都很出众。这款分餐碟的设计图是我与她商量之后绘制出来的，她应该完全理解了我想做怎样的一个盘子，在每一个细节处都花了很大的心思，近乎完美地烧制了出来。她也经常积极地来参加我“10cm”店的聚餐，客人们对于她制作的盘子的实际感受，也一直是她十分关心的问题。她曾经对我说过，当看到客人们满面笑容地说着“真好吃”的时候，她会觉得自己的器物也一同被客人认可了，非常欣慰。听她这么说，我便理解她会写出“热爱日常生活，对于器物和料理之间的舒心关系抱有兴趣”的原因了。

24 Bengt EK Design的铝制双子计时器

120mm × 60mm × 80mm

虽然形如古董，但这款名为“双子计时器”的商品依然还在销售（双子以外，也有单个的）。Bengt EK Design是设计师Bengt EK和父亲于1975年共同创立的设计品牌，他们的作品以犀利的线条和机械感的设计著称，广受追捧。

这款计时器的右半部分可以计算20分钟以内的时间，左半边则负责计算120分钟以内的时间。在煮意大利面或者煮饭的时候，通常会用到右侧，而在做炖煮料理或是英式烤牛肉等菜式的时候，左侧的计时器就登场了。如果在做炖煮料理的同时，另一个灶头上想做其他的菜，那么两个计时器就可以同时使用了。瑞典品牌Bengt EK Design的作品充满了特别的斯堪的纳维亚[1]设计感。同样的设计风格，你也能在萨博或者沃尔沃的汽车造型上感受到。

1 斯堪的纳维亚（Scandinavia），在地理上指斯堪的纳维亚半岛，包括挪威和瑞典，文化与政治上泛指挪威、瑞典、丹麦、芬兰、冰岛等北欧国家。斯堪的纳维亚设计兴盛于20世纪30—50年代，特点是将德国严谨的功能主义与本土手工艺传统中的人文主义相结合，其朴素而有机的形态及自然的色彩和质感在国际上大受欢迎。

120 MIN
TIMER
30 MIN

这款计时器是我去柏林的时候，偶然在一家买手店里发现的。店铺约为100平方米，我惊讶于它的选货水准和货物种类。料想店主该是一位很喜欢德国设计的人，店里的商品大都具有功能主义风格的设计，毫无多余之处。到了德国，就应该来这样的店啊。看着店里的商品，我整个人都兴奋了起来。那一天我收获颇丰：9毫米彩色笔芯的铅笔一套6支（附送植鞣牛皮笔袋）、铝制的旅行用牙刷盒、可以像折纸一样开合的皮革零钱袋，以及这款厨房用计时器。离开前，我还发现了店里的商品目录，内容很丰富，并且封面封底的纸张足有2厘米厚，很气派。后来我得知，这家品位十足的店，总部在慕尼黑，规模非常大。

回国2个多月后的某一天，我突然收到了这家名为Manufactum的店铺寄来的最新目录（这让我很惊讶）。打开目录，看着琳琅满目的好商品，我又忍不住下订单买了拖鞋、照明灯具和皮革坐垫。

25 H·M的厨房暖炉

炉体部分：600mm × 600mm × 370mm
暖炉专卖店“憩暖”的原创产品，在该店的网站上也可以点击“H · M(Half Moon)的厨房暖炉”进行购买。暖炉由三谷先生设计，金泽图工制造。订购需等待2个月的制作时间。暖炉顶部也可以烧开水，在冬天温酒甚好(图可参照第79页)。

烧柴的暖炉能由内到外温暖人心，即使是寒冷的冬日，烤完火走出门，身上也不会立刻感到冷。或许是所谓远红外线的功效，不仅是屋内的空气，连地板、墙壁都被烤得暖洋洋，和只能把空气的温度调高的空调相比，暖炉带来的温度质量全然不同。迄今为止我设计的两款烧柴暖炉，炉门前都有一个半圆形的炉灰收集盘，“半月”（Half Moon）的名字由此而来。照片上的这款暖炉，打开炉门便能享受温暖的火光；炉子内部的上层，还有一个烤箱。暖炉由厚度为9毫米的铁板焊接而成，这20年里每一个冬日，它都是主角，至今屹立不倒。烧柴的暖炉也有铸造而成的款式，但那样的暖炉整体升温很慢，若想在早晨立刻让房间暖和起来，还是铁板制的暖炉更合适。

以前，“10cm”店里举办过以“待在烧柴暖炉边”为主题的活动。当时，活动上分享的几乎所有食物，都是用这个暖炉烹饪出来的。在暖炉里放上木柴后，烤箱的温度就能达到230摄氏度左右，无论烘烤食材还是隔水蒸蔬菜，都很方便。而暖炉的顶部在炉膛内烤箱的阻隔下，温度会低一些，适合炖煮食物并保温。

现代家庭大都依赖电力或燃气来提高室内温度并保暖，可一旦遇到突发状况或自然灾害，很容易发生断电断气的情况，这时候，烧柴暖炉的价值就体现了出来。只要是可燃物，废木材也能用来取暖并烹饪食物。从有备无患的角度考量，烧柴暖炉的优势也更明显。

26 荷兰的古董玻璃水壶

135mm（壶肚直径）×170mm
从京都的古董店购入后不久，三谷先生在松本民艺馆举办的一个玻璃展上看到了几乎相同的水壶，介绍上写着英国制造。“买的时候，京都的店家说是荷兰制造，但说不定是英国？”撇开产地的问题不谈，这个水壶有着柔若无骨的厚玻璃质感，是一件很有味道的古董。

18世纪是欧洲玻璃工艺的全盛时期，荷兰、捷克（波西米亚）、英国都是工艺中心。这个水壶似乎也是那个时期荷兰生产的。玻璃材质中含有不少的杂质，整体透明度低，呈现暗绿色。日本的玻璃制造技术据说是由荷兰人带来的，日文里的“ギヤマン”（采用钻石切割工艺的精致玻璃器物）、“グラス”（玻璃杯），语源也都是荷兰语。

它的形状并不那么端正，壶身的重心很低，壶底还有一个很深的凹陷，拿起时，中指很自然地就抵住了这个凹陷，只需要依靠中指和外侧的拇指，就可以单手拿起壶并倒水，可见工匠在吹制这个水壶的时候花了大心思。

其实我并不十分喜欢玻璃那光洁的质感，与其说欣赏不了，不如说是被它吸引的时机尚未到来。恐怕对于不同的人来

说，无论是泥土还是木头，都存在与材质是否气味相投的问题。有些人喜欢线条简练的金属质感，有些人则喜欢尖锐的薄玻璃的透明感。我喜欢的则是拥有泥土气息的东西，质感略显粗粝。能够让人与原材料亲密交流的东西很吸引我，所以玻璃制品中，形态有些歪扭，气质自然，才是我喜欢的。换而言之，也许就是不爱“过于整洁漂亮”的东西。

27 神代五寸正方盘

150mm × 150mm × 20mm

神代榆 木蜡油处理

这是1998年制作的最早一批五寸正方盘。最初三谷先生想做六寸大小的，最终考虑到稍小一圈似乎更便于使用，就做成了五寸。除了木蜡油处理的以外，同系列的产品还有天然漆处理的。另外，材质上也有山樱木可供选择。

对于美术大学工艺专业的学生来说，玻璃、木工、陶艺等都是必修课，需要对各种材料都有所了解。学校这样设置课程，可能是希望学生们在接触各式材料之后再从中选出自己最感兴趣的进行深入学习。但是对于大部分人来说，一种材料是否适合自己，很难轻易得出结论。我发现自己与木头的投缘，也是在和木头打了几十年交道之后的事了。回顾这几十年的工作经历我才意识到，“既然做了这么多年都还兴趣不减，那或许我和木头蛮投缘的吧”。所以与其说“我主动选择了木工”，不如说“我偶然遇到了可以从事一生的工作”。或许在我理解这件事之前，已经“遇见”了。这样想来，比起“寻找”和“发现”，“相遇”也许才更重要。当然，并非努力就一定能“遇见”，但为了“相遇”而做准备，却是我们可以做到的。

这份“相遇”，既针对技术，也对应材料。例如，我首先遇见了樱木这种材料，又遇见了木蜡油处理的工艺，然后才开始了器物制作。在此之后，我尝试过各种各样的木材，最终遇见了神代榆。这种榆木在泥土中沉睡了上千年，色泽早已自然成灰，它的木纤维也很美，看上去就好像高级织物一样精致高雅，拥有人工绝对无法复制的颜色和表情。

28 角伟三郎的合鹿漆碗

140mm（碗口直径）× 110mm
合鹿漆碗在尺寸和厚度上比普通的漆碗超出不少。石川县凤珠郡柳田村（现在的能登町）合鹿周边，从室町时代就开始制造各种农民日常使用的杂器。漆艺家角伟三郎先生将这种早已淹没在历史长河中的漆碗再次发掘，并和现代日常生活紧密结合了起来。合鹿漆碗，已经成为了他作品的代名词。

角伟三郎先生的合鹿漆碗，带着点阴翳之美，如水底的沉木，榉木的粗犷纹理，透过天然漆层，从深处显露出来。这只集合了安静与狂野、艳丽与力量的漆碗独一无二。角先生最早于20世纪60年代开始发表作品，当时的主流是前卫艺术，到处都吹着改革的新风。他早期作品的特征是用沉金[1]技法描绘各种繁复图样，不过之后，他逐渐对工艺美术界的现状产生了疑问。就在迟疑困惑的时候，他遇到了残存于能登柳田村的合鹿漆碗，并自此将自己的制作重心转移到了合鹿漆碗上。

奥田达郎是轮岛明漆会的成员之一。虽然我对奥田先生没

1 沉金，漆器装饰技法之一，在漆器表面用刻刀刻出图样浅纹，然后用金箔或金粉填充。

有任何了解，但是听说他比角先生大8岁，也醉心于合鹿漆碗这种普通人日常生活中使用的的餐具。他对于现代漆器工艺进行了强烈批判："没有实用价值的漆器真的是太泛滥了，而这都是所谓现代漆器产地的'功劳'。特别是我的故乡轮岛，对于这些没有实际使用价值的器形和完全不必要的装饰最热心。"

从他们两个人留下的作品来看，奥田先生的碗是安静沉稳的，而角先生的则是富有动感的。奥田先生所追求的，是还原普通人最初日常使用的漆器。而角先生在赞同奥田先生的观点的同时，也不断探究着天然漆的各种可能性。他的很多做漆的手法，普通漆器匠人可能完全意想不到，比如用手指直接涂漆，或是将漆树液体直接滴在木坯上等。也许当时就是那样一个时代吧，角先生为了展现天然漆丰富的可能性，将漆器工艺不断地解体再构建，步履不停。

29 冈田直人的耐热锅

250mm（锅沿直径） × 65mm
这是一口经长年使用而产生美丽开片的锅。制作者冈田先生出生于爱媛县松山市，之后去爱知县学习陶瓷器的制作，如今他在石川县制陶。他的白釉作品以其柔软温润的质感广受欢迎，除了和式风格的设计，西式汤碗、耐热锅具、马克杯等契合现代饮食文化的作品也颇有人气。

锅有着能够聚拢人气的力量。热腾腾的蒸汽从锅盖缝隙间偷偷跑出来，带着食物的香气溢满整个房间——这样热乎乎的食物，在不经意间，把大家都召集了起来。暖锅料理准备起来也很方便，只须切些蔬菜，再将肉类装盘，剩下的事情大家可以在餐桌上边吃边进行，用不着一个人在厨房里忙忙碌碌准备一桌菜，很轻松。

然而每次看到土锅，我都忍不住想，为什么会有这么多的奢华夸张的设计呢？像羊角面包一样拧作一团的大把手，像山一样高耸的锅盖——好像歌舞伎演员演出中为了吸引眼球的亮相动作。的确，如果听说“今天吃暖锅”，多少会让人有些期待，如果去餐厅吃，的确也需要一些活跃气氛的场面，但是即

使如此，对于家庭料理，这些锅也是过头了。

如果是在家中使用，更为普通的锅就好，我也只想要一口普通的锅。本来锅的体积就大，如果再带上夸张的装饰，那么整个橱柜除了这口土锅，其他就什么也看不见了。也许和我抱着同样想法的人也不少吧，最近，烧制与普通餐具气质相近、不那么传统的土锅的人增多了。不过，据陶艺家说，耐热锅和土锅在严格意义上并不是一回事。自古在伊贺地区烧制的属于真正的土锅，而耐热锅则是用热膨胀率很小的叶长石矿石混合耐火黏土制成的，与完全以土为原料制成的土锅相比，的确不同。虽然冈田先生烧制的这口锅是耐热锅，但随着日常使用，它的色泽会逐渐由白转灰，并养出细密的开片，是一口不输于土锅，能够长久使用并让人享受它各种细微变化的锅。

30 照宝的铝锅和德利酒壶

锅: 170mm（锅沿直径）× 88mm
德利酒壶: 70mm（壶肚直径）× 135mm
导热迅速的铝锅，最适合用来温酒了。壶屋烧的这个德利酒壶，是三谷先生在古董店里寻得的。壶屋烧是一种在冲绳县那霸市壶屋地区所烧制的器物，也是拥有300年历史的传统工艺品，大致可分为上烧和荒烧两种，这款属于上烧。

我常去的那家立饮酒吧里的石油暖炉上永远都放着一口铝锅，客人们会自己往单柄热酒器里倒上酒放进锅子。每当冬季来临，此番景象就在店里固定上演。我禁不住想，果然还是寒冷的地方和热清酒最相配。我天性畏寒，所以家里烧柴的暖炉上，我也总是放着一口锅，用德利酒壶热清酒喝。这口锅来自横滨中华街上一家叫作“照宝”的店铺，当时是和一个竹制蒸笼一起购入的，后来发现它最适合热清酒，于是蒸笼就闲置了。热清酒一般的做法是，把清酒装进酒壶，放在接近沸点的热水里加热，加热2分钟左右的热清酒称为“热烂”（50摄氏度左右），加热1分钟左右则称作为“温烂”（40摄氏度左右）。家里的这个暖炉，顶部的温度达不到100摄氏度，用来热清酒

十分合适，根据当天的心情，“上烂”（45度左右）、“温烂”、“人肌烂”（37摄氏度左右）……自由自在。

在很久以前，祖父家有一个箱形取暖火盆，边角上特意装了一个金属的小盒子，用来热清酒。在那个年代的日本，热清酒是再寻常不过的场景了。而如今，大家的生活似乎与日本酒生疏了不少，在家中热酒的情景也不再常见了。但另一方面，日本酒的质量却比过去高出了不少，也好喝了许多，所以我相信在不久的将来，日本酒会再次回归我们的日常生活。近年来，地方上的酒厂都十分努力，生产出了各种类型的新日本酒，有酒体厚实沉稳的，也有熟成酒，甚至根据不同温度来体验酒体的不同口味和特征的“烂上”这样的日本酒，也被酿造了出来。

如此一来，品酒的乐趣渐渐增多，对于我这样的爱酒之人（虽然酒量其实很一般）也是幸事。但无论如何，酒的最大乐趣还是回味本身。不如把那些知识、奥义之类的暂时抛开，拿起酒杯抿上一口，以自由随性的方式与酒相处。

31 酒器木盘

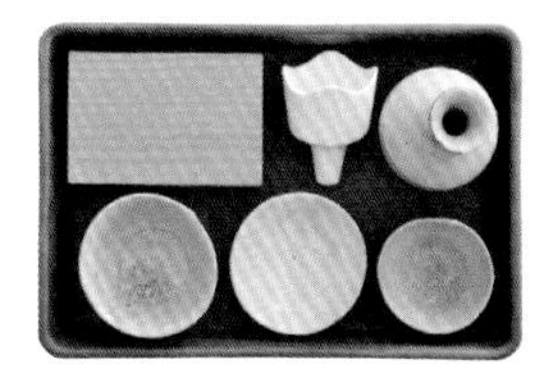

深木盘: 198mm × 295 × 60mm
核桃木 木蜡油处理
猪口杯从左至右依次为内田钢一、岛瑠子、岸野宽的作品。木盒为三谷先生所做，盒子里放着栗制的软布巾。另外还有壶屋烧的分酒壶和漏斗。有了这些酒器，就可以随时摆起酒席，享受热清酒。深木盘的用途很广，也可以作为托盘使用。

每当我打开壁橱，总能看到这套酒器组合，有了它，随时能喝上一杯。右上方是分酒壶和漏斗。从锅里取出分酒壶时，用来擦净瓶底的软布巾则装在左上方的木盒里。剩下的，就是三个酒杯。分酒壶产于冲绳的壶屋地区，用了灰白两色的釉药，以上下挂分釉[1]的施釉方法烧制。瓷漏斗是英国NUTBROWN公司的产品，其实它原本并非用作漏斗，而是专用于烤制馅饼的烹饪工具，据说实际使用时，需要把整个器皿倒扣在盘子上，形如一个小烟囱。不过，对于烘焙糕点，我完全是个门外汉。这个器皿对于我来说，作为漏斗使用真的非常顺

1　上下挂分釉，施釉的一种手法，使用两种或更多颜色的色釉，在左右或者上下方向上进行流淌挂釉，以取得有变化感和层次感的颜色以及设计感。

手，一直很珍惜它。

小山冨士夫[1]所著的《烧物[2]纪行》里的《白石》那一章中，在提到汽车土瓶[3]时，针对配套的可爱茶碗写道："这只茶碗十分廉价，不过一文钱。但细观，能发现它在制作上毫不马虎，经过转轮拉坯，杯底还保留着用细线从拉坯机上切取下来的印记，简朴单纯的姿态很美。用不到1000摄氏度的低温烧制的这个茶碗，手感极为温润。和永乐的金襕手[4]器物或者木米的名杯相比，这只茶碗更合我性情。"作者所拥有的虽是毫无来头的三流品，却主张它不输于任何一件名品，这种对常识的反抗，在过去有关器物的书里常能读到。他想要表达的或许是，"一件物品的价值，不应被价格标签或舆论评价左右，你必须拥有良好的眼力"。如此斩钉截铁的判断，很像突然拿出家纹印盒，对坏人们大喝"这下你们明白了吧"的水户黄门[5]老翁。虽说有些戏剧化，但是这句果敢的宣言，无论听过多少遍，都

1 小山冨士夫（1900—1975），陶瓷器研究者，陶艺家，对中国古陶瓷器有深入研究，并在陶瓷领域著有多部作品。

2 烧物，日本把陶瓷器物等需要高温烧制的器物称为"烧物"。

3 1877年，神户站最早开始贩售列车便当，随着列车便当的流行，1889年，在静冈站装有茶水的陶器茶壶开始随着便当一起贩售，人们称之为"汽车土瓶"。土瓶为日本传统茶壶的一种。

4 金襕手，日本陶瓷用语，即描金织锦风格。这种在彩绘上施加金饰的手法始于中国宋代，在明、清时发展起来，并传入日本。

5 水户黄门（1628—1701），德川家康之孙、水户藩第二任藩主德川光圀，因曾任黄门官，人称"水户黄门"。以他为原型改编的电影和电视剧众多，他的一大标志动作是在交手过程中亮出带有家纹的印盒。

还会让心里“嗖”地一下亮堂起来，忍不住为其鼓掌。特别是在喝酒的时候，更加酣畅淋漓。“绝不败给任何名品”的价值，就在自己身边。每当想到这些，我就会意识到对着“世上的东西，就应该是这样”这类古板言论点头的自己，是多么可笑。

32 古旧的葡萄酒开瓶器

115mm（金属钻头）× 72mm（木制把手）
平时开葡萄酒时，三谷先生大都使用更便捷的侍酒师专用开瓶刀，但出于对葡萄酒开瓶器本身形状的喜爱，三谷先生说在海外的跳蚤市场上只要看到喜欢的开瓶器就忍不住入手。在他收集的开瓶器中，他很喜欢购于瑞典乡村的这一把。

围绕着酒和烟草这些嗜好品，许多相关的用具都做得很好。拿烟具来说，其中很多都是爱烟之人经过长期使用和研究后才设计出来的，从中能感受到他们对烟草的爱。新手只有通过赏析和使用它们，才能逐渐真正地感知烟草世界的丰富多彩。就像虽然用白欧石楠做成的烟斗本身已魅力十足，但是我们还需要知道面对丰富的烟草种类应如何选择，相关的周边用具（比如皮质的烟斗收纳盒或者是挤压烟斗内烟草以调节合适火力的压草器等）如何配套组合，这些细节中都蕴含着用具的哲学。

葡萄酒也有许多魅力十足的周边小用具：玻璃杯、醒酒器、奶酪刀、开瓶器……一件件摆在餐桌上，虽小巧却有存在感，是调节气氛的好帮手。这把葡萄酒开瓶器就是我心爱的小

用具之一。它是我在瑞典的乡村发现的，曾经历过的那些岁月，已经让它的铁质部分和木柄部分的色泽十分接近。想必在它年轻的时候，这两部分一定都有着不同材质所具有的鲜明个性。但是，这两种原本截然不同的东西在经历了长时间的风化之后，却浑然一体。犹如微小的雨滴落在大地上，汇成了小溪，各处的涓涓细流又汇成了大河，流向了大海。物质材料也是相通的吧，它们也会慢慢地朝着一个方向，逐渐地互相靠近，最后便融为一体吧。

要完成这样的合体，必定需要漫长的时间。我们一边呼吸着烟草的芳香，一边抿着美酒，一边侧耳倾听着这些用具讲述它们曾经的游历故事。听着这些故事，时间就在和这些用具的共同生活中，慢慢地安静下来。而这，便是我们的快乐所在吧。

33 Bodega玻璃杯

82mm（杯沿直径）× 59mm 整体强化玻璃
这种造型简单的圆柱形玻璃杯，是位于西班牙东北部、与法国相邻的巴斯克地区的传统餐具。无论是在当地人家里还是酒吧，将其作为葡萄酒杯使用的现象十分普遍，颇为流行。它用能够承受120摄氏度的温差的强化玻璃制成，即使用来喝热红酒也很合适。

这是在巴斯克地区有200多年历史，并流行至今的玻璃杯。我的这款是1825年创立的意大利老牌玻璃制品商Bormioli Rocco所生产的。由于它耐热，所以装热红酒也毫无问题。平阔的底部很稳重，也方便叠放收纳。整只杯子都是由强化玻璃制成，即使有小磕碰也不会轻易损坏。这个杯子在日本购买，价格也只有几百日元吧，在原产地则更便宜，而且它的器形很美，没有丝毫的廉价感，怎么看都是一只能让人长久使用并珍爱的玻璃杯。对比之下，我们这些创作者所制作的用具里是否有这样的实用之物，需要我们反省和警戒。

小说或是戏剧，最早都是为了娱乐大众才发展起来的。后来出现了一些脑筋复杂的人，追求更有腔调的表现形式，于是把故事说得越来越难懂、越来越高雅的潮流被带起来了。但我

想，对于“娱乐”，最重要的还是如何让更多的人感到愉悦。

大约从1990年起，日本的杂货店开始贩卖和式餐具，慢慢地，和这只Bodega玻璃杯、隔热手套等一起，个人创作者所制作的器物也逐渐地摆入了普通家庭的橱柜。由于都是一些杯碗或碟子，进入普通人的生活是一件自然而然的事情。我认为这种变化让手工艺回归到了一个健全的状态。手工艺，首先是“让生活变得快乐而丰富的东西”。就像这只玻璃杯一样，无论是平时身着的服装，还是家里的装修和摆设，都应当被放置到距离日常生活最近的地方，成为富有活力、闪着光芒的东西。

34 关于酒器

日本酒和西洋酒不同，拥有独特的享受方式。仅仅是思考“今天用片口（带嘴酒壶）喝还是用猪口杯喝上一杯呢”，心情就能立刻进入“日本酒模式”。仅仅在桌上放上托盘，人就沉静了下来。只要有一些简单的烫蔬菜或者是烤豆腐皮作下酒菜就足够了。而装盘的餐具，比起形状端正的那些，有些歪斜的朴拙之物可能更好。这种时候，平日里使用的西式餐具，变得冰冷而遥远起来。在这种心情的渲染下，就很希望用一些即使微醺时不小心碰倒了也没关系，手感好的，和嘴唇接触时酒能“嗖”地一下滑进嘴里的酒器。日本酒不是用喉咙而是依靠下腹部的气力来喝的酒，所以酒器不能太漂亮，有些野趣之器才更搭调。

酒自古就有，古代的人们使用贝壳或者挖空的木头装盛，后来才开始用简素的木杯或者是现在神社里敬奉神酒时仍会使

上行右起：

岐阜县多治见“百草艺廊”的安藤雅信先生的作品，很是端正。

居住在广岛的寒川义雄先生制作的片口，最引人瞩目的是表面的开片。

泪滴状的片口，三谷先生的作品（据说，七八年前，做了很多个这样的片口）。

中行右起：

在第102页介绍过的，村木雄儿先生的唐津烧。

三谷先生制作的圆筒状片口，容量为一合（最近做的片口器形大多如此）。

工作室位于长野伊那的岛瑠子女士烧制的德利酒壶。

下行右起：

第126页介绍过的壶屋烧。

三谷先生去韩国旅行时买的古董德利酒壶。

相遇于京都的古董店，因为这个古董白萨摩美好的表面质感而一见钟情。

用的那种土器。我们现在使用的酒杯和酒壶，应当是室町时代后期才出现的。

在长夜漫漫的古代，邀月为友，借着昏暗的烛光，自斟自饮。在洒满月光的庭院里，搬出一张小桌子，举杯对影成三人。在白瓷酒壶上，常能见到秋草的纹样，我想，这也许是因为野草一直温柔地陪伴在酒客身边，爱酒之人就干脆把它画上了酒壶。对于生活在现代社会的我们来说，早已没有了当时夜晚的寂静记忆和伸手不见五指的黑暗体验。都市的夜晚，灯光把一切都照得亮晃晃的，没有阴影，直白而单调。

但只要有了酒，夜晚就会再一次变身为那曾经的好友，一起相处尽欢。

35 关于烧水壶

大家或许会好奇，为什么我会这么重视烧水壶呢？首先，想必很多人都知道（这是借口），干燥漆器对室内的湿度有一定要求。但是，我的漆工坊里并没有水管，所以一直是从别处，把水装在烧水壶里运来的。并且我自己家、工作室、店铺，三处分别都有烧柴的暖炉和厨房炉具，所以为了配合这些，我不得不用6个烧水壶。

我20岁左右在剧团的时候，曾因为烧水壶的事情被呵斥过。“有时间关爱烧水壶，还不如学着去爱人！”这句犀利的忠告，我至今记忆犹新，我也由此确立了“人比物更重要”的基本行为准则。

从那以后，我努力让工作围绕人们的日常生活开展。但我对于物的兴趣和喜爱，却是根深蒂固的，因此，“对烧水壶的爱”也从未改变。没错，虽然最初一口咬定因为烧水壶是必需品才买了这么多，但现在我坦白，其实用不了这么多，也不需要那么多形状的烧水壶。我只是发现心仪的烧水壶，就忍不住

上行右起：

三谷先生从位于吉祥寺的店铺CINQ处购得的简洁单品；

在瑞典乡村的古董店发现的烧水壶，喜欢它把手角度上的处理；

购于名古屋的古董店，几乎一直把它放在烧柴的暖炉上。

中行右起：

三谷先生在福冈的古董店里发现它时，是连包装盒都颇为完好的状态；

对于它圆滚滚的身形一见钟情，购于吉祥寺的CINQ；

在丹麦哥本哈根的跳蚤市场上发现的单品。

下行右起：

在并不那么遥远的过去，日本各地经常能够看到的铸铝烧水壶。

和中行右款的形状相似，尺寸则大出一圈。购于松本的五金店。

一见钟情于巴黎·旺夫的跳蚤市场。由于尺寸很大，三谷先生费了很大劲才带回日本。

想要入手的人。烧水壶其实很有意思，比如制作把手的部分是很需要花功夫的，而且整个壶的材质和表面处理也很有讲究，珐琅、不锈钢、铝，都有它们独特的魅力。装满水的烧水壶非常重，何况还要把水倒出来，而能把这种难题顺利解决的烧水壶，实在太有魅力了，所以我……

木器的日常保养

自然无垢的木材，经过凿子或是转轮刀的削割后成为木器。在其表面涂上用植物油和蜂蜡调成的涂料，称为木蜡油处理。这种处理方式能够展现木材原有的质感和细节，保留其生机。其他方法都无法还原这份自然的质感。木材遇到水后，颜色会加深，我们通常称之为“湿木色”，而用木蜡油处理，也能够达到同样的效果。没有经过任何表面处理的木材比较干涩，虽然未尝不可，但也很容易弄脏，用木蜡油处理之后，日常保养会容易很多，木纹也更明显，让人内心熨帖。

不同的木材会有自己不同的个性，即使同样是樱木，也会因为天生的不同特性、生长环境的不同，形成迥然不同的个性。不同木材的色泽、硬度、密度等也千差万别。这些不同会直接体现在最终成品上，既有一用就立刻包浆、显出亮泽的，也有需要一遍又一遍地涂油进行“养育”的。就像人的皮肤干燥了，就需要涂润肤乳来护理一样，木材的“肌肤”也是如此。如果毛糙了，请为其补充油分。同样，和皮肤过度干燥就会开裂一样，木材也会因为过度干燥而开裂。

就像人的皮肤有干性、油性之分，木材也有容易干燥和不容易干燥两种。由于原木材料并不像合成板材那样均质，所以你需要观察它的“肌肤”，一旦发现有些干涩了，就请用厨房用纸蘸些植物油，把木器涂个遍吧。天长日久，和刚开始使用时的青涩感不同，木材的美就会展现出来。这种经过长久使用后才会出现的表情，应该就是木材最有魅力的模样吧。对于木艺师来说，最大的喜悦，应该就源于养育木器吧。

无论是椅子、家里的地板，还是其他各种木制器物，木头的魅力是在经过长久使用后逐渐展现出来的。比如每天都会坐的椅子，扶手部分会最先变成蜜糖色，格外油亮鲜艳。对于木制品，最好的保养就是每天使用它，在这个过程中，或许会经历“完全用脏了”的尴尬时期，但一旦过了这个阶段，木器就会变得越来越好用，所以，请长久地使用它们吧。

木器是必须进行日常保养的。虽然相较于合成板材木器，原木木器的日常保养方式以及使用过程中需要注意的细节都多了不少，但是也相应地多出了自然的风韵和使用时的舒适感等好处。就像人工化纤布料与羊毛或丝绸等天然材质的布料之间的区别一样，天然材质的产品虽然用起来麻烦一些，但感受完全不同。有些价值是经由真实的相处而产生的。其实，不只木头，在和大自然的交往中，人都需要有所作为。

关于日常护理，常常有客人会问“漆器也需要涂抹植物油么？”或许是我没有解释清楚，其实只有无垢的木器才需要日常护理，漆器则不需要涂抹植物油。对于漆器来说，只需要在清洗之后用干布把水分擦干，完全干燥后再收进橱柜即可。

如果大家能够从植物油日常护理后的自然木纹肌理中感到快乐，我会非常欣慰。

保养实例

这一次，我们用无垢的木盘和勺子来举例，介绍日常保养方法。一般来说，只需要在察觉到木器有些干燥的时候，用厨房用纸蘸取植物油涂抹器物整体即可。这个并不复杂的程序，就可以让器物的使用寿命一下子延长很多，并能将岁月之美充分展现出来。

如果是因为干燥而导致边缘损坏或者产生了木刺，那么也只需要进行稍微复杂一些的特殊护理，就可以让它们焕发出新品般的魅力。以我们前面所说的木盘和勺子为例，准备三种砂纸，进行一定的“削”的工艺处理，就可以完成。在下面几页中，我会按照顺序进行介绍说明，请务必动手尝试一下。

请准备表面颗粒从粗到细的砂纸数种。我们这次使用的是粒度为180、240和320三种型号的砂纸。依照这个顺序，先后对木器表面进行打磨。这样一来，一定程度上的大伤痕也基本上看不出来，器物表面也会变得十分光滑。

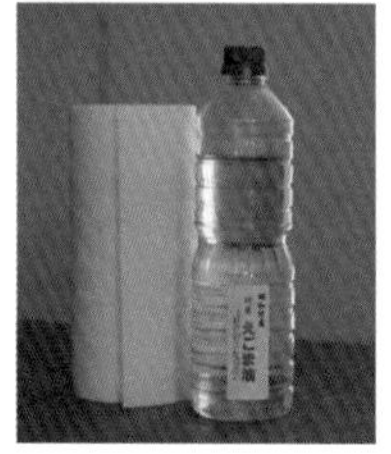

关于日常保养用的植物油，推荐亚麻籽油（或核桃油）这种“干性油”。一般在有机食品商店或者是大型超市都可以找到。木器表面在涂抹橄榄油这类“不干性油”后会变得很黏手，请尽量避免使用。

木盘

削

① 把产生的木刺去除之后，将一张180粒度的砂纸对折，轻轻地打磨破损的部位，尽量让破损部位变得和周围一样平滑，融为一体。
② 在打磨破损部位的同时，逐渐扩大范围，打磨伤痕周围的部位，这样一来，伤痕就变得不那么显眼了。
③ 换上240粒度的砂纸，继续扩大打磨的范围。沿着木材原有的肌理打磨器物正面和侧面（不要忘记打磨器物反面）。
④ 换上320粒度的砂纸，完整地打磨整个器物，保证器物表面光滑。

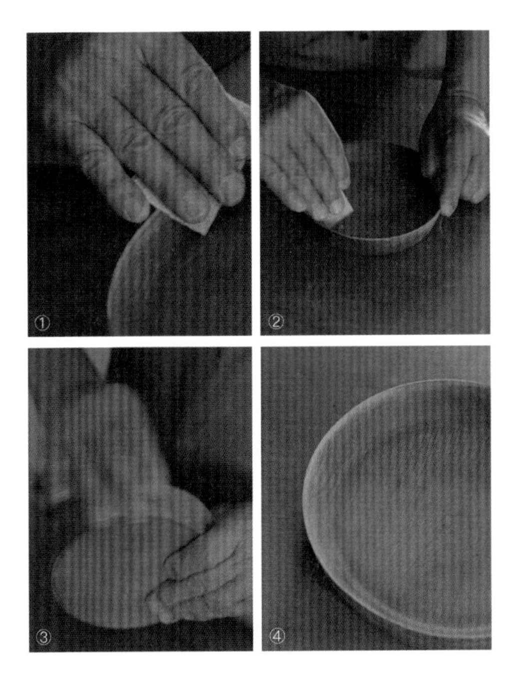

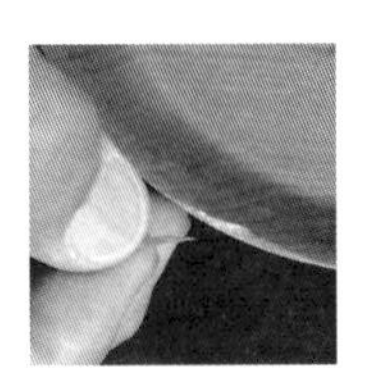

在使用的过程中，发生边缘损坏或者是产生木刺的木器，只需要简单的处理就能够重获新生。

○ 补充油分

⑤ 用厨房用纸蘸满亚麻籽油。

⑥ 擦拭整个器物。即使没有发生破损，如果你察觉到器物表面有些毛毛糙糙，也请同样用这个方法擦拭整个器物。这可以让器物的使用寿命延长许多。

⑦ 千万不要忘记器物反面。为了防止产生油斑，务必均匀完整地给整个器物上油。

⑧ 将器物放置一段时间，使其充分地吸收油分。

⑨ 用没有蘸过油的干净厨房用纸，擦拭器物表面的多余油分，并再次擦拭整个器物。完成。

勺子

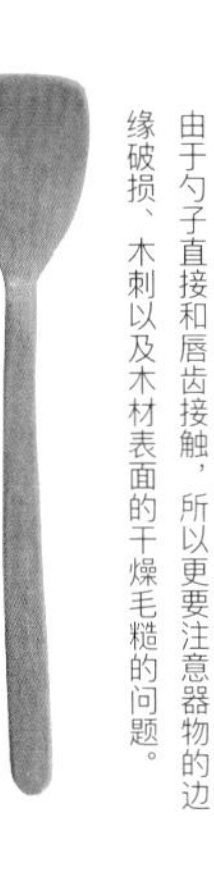

由于勺子直接和唇齿接触，所以更要注意器物的边缘破损、木刺以及木材表面的干燥毛糙的问题。

削

① 使用180粒度的砂纸，对破损部位的形状进行调整。

② 换上240粒度的砂纸，打磨整个勺子。

③ 对于原本表面就有木纹雕刻处理的勺子，需要注意不要过度打磨。最后换上320粒度的砂纸，对勺子整体进行打磨。

补充油分

④ 用蘸满了亚麻籽油的厨房用纸，毫无遗漏地擦拭整个勺子。接着用干净的厨房用纸擦拭，去除多余油分。完成。

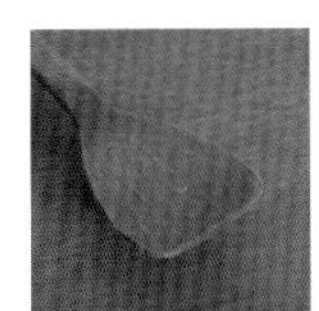

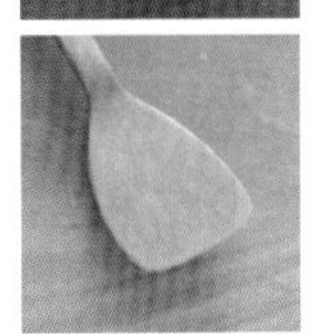

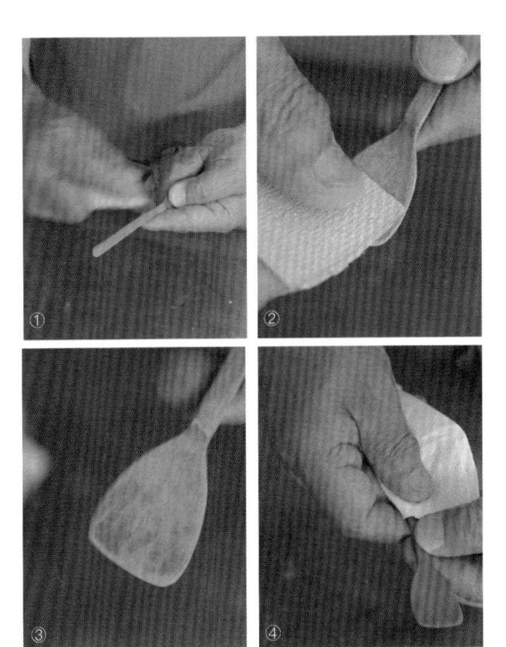

其他情况

木盘的一个重要功能，就是可以吸收面包、干果等食物的多余水分，因此特别需要注意避免过于频繁地对木盘进行补充油分的日常保养。木盘使用后，只需要用海绵蘸取少量的中性洗洁剂进行清洁，然后用温水冲洗干净。接着，用软布毛巾擦干整个盘子上的水，等到盘子完全干燥后，再放入橱柜收纳。只要你正确地进行清洁和保养，那么木器就可以长久地使用下去。

后记

乘一叶小舟

家，就像一艘船。虽然这些船的大小与形态千差万别——既有仅能维持最基本生活的小帆船，也有能够载上全部家庭成员的大船——但它们在生活的大海上航行的姿态却是相同的：同船的人们齐心合力地经营着每天的生活，并一同确定未来的航线。

在云雀歌声欢悦的春日早晨，心情也会跟着舒畅。但等到日光强烈的夏日来临，或是刮风下雪的冬日，大家就需要相互体谅和扶持着度日——家这艘船，既是为安稳而健康地生活所准备的空间，也是心灵的栖息所。而每天使用的生活用具，就如同船桨一般不可或缺。

我在大约只有26平方米的小屋里住了近20年。每当需要接待大批客人时，确实会感到狭窄不便，但当我独处的时候，这份狭窄反而让我感到亲近，舒适自在，完全不会不适。也许正是身处这种既不宽敞，也不豪华的空间，才最让人舒适吧。当下日本正处于从浪费型社会向可持续性发展的社会转换的过程中，这个小屋子或许对此能够产生一些启示：质朴是富有的体现。我希望这种价值观的转变会成为生活的智慧，也会成为社会的智慧。

小屋的生活让我意识到，昂贵、豪华的东西，并不适合放在这里。也因为放不进大件物品，所以大壶之类占地方的东西，我一个都没有。简素的家，在某种程度上抑制着人的欲望，并由此给生活和心情都带来了轻快和舒畅。

我决定在这样的小屋里居住，一方面当然和日常开销的预算有关，另一方面也和我的工作有关。我对于房屋设施能达到的最简程度一直很有兴趣，也会反思：对于人的日常生活，真正必要的东西究竟是什么？当然，会在小屋子里感到舒适自在，也因为我原本就是一个偏爱“小房子”的人。

虽然生活在一个狭小的家里，但是我却一直提醒自己不要过度压抑自己去寻找乐趣，所以完全没有过禁欲一般的生活。我一直觉得，如果在某一处过分施压，那势必会在其他方面反弹回来，所以我尽力保持平衡。

日用品通常都与日常生活相融，并不会个个出众，让人在意。某一刻需要的物品、一见钟情的东西、寻找了很久的东西、朋友个展上的作品……这些物品是自然而然地在身边聚集起来的。而那些图案和器形夸张的日用器物，我不会拥有。它们显得太吵闹了，仿佛不停叫嚣着自己的存在。我喜欢的，是那些能够安然地接纳生活的器物。另外，我并不是一个物欲很强的人，也没有痴迷收集的恋物癖好。但对于那些体验良好，能够让人感受到生活之美的用具，我满心喜爱，所以至今走在路上，我还会对街边店铺里各种器物看得津津有味。

人们常说，从对物品的选择中可以了解一个人。从一个人亲自选择的物品中，应当能在某些方面反映那个人性格特征吧。的确，比如锅或者烧水壶，每天都会卖出千万个，在这么多个之中挑选其一，一定程度上也许真的反映着一个人本身的见识和品性。写这本书的过程，很有些打开了自家柜子给大家看的感觉，让我有些不好意思，又有些担忧。而且，喜爱把玩各种物件，本身就是一件十分个人的事，有些像小女孩们玩过家家，或者小男孩们一本正经地用恐龙模型发动“战争”的感觉。被大家看到这种忘却自我，遨游在物的世界中而毫无防备的自我状态，也让人觉得很不好意思。

我们每天都生活在各式日用品的围绕中。完全沉浸其中的我们，就好像小孩子们玩角色扮演游戏一样，已和日用品相融，很难把它们与身体区分开来。这一次，我把这些如此亲近的日常用具一件一件取出，尝试着重新思考例如“为什么我会这么喜欢这个烧水壶？”、“对于我来说，这个茶碗是怎样的存在？”这些问题。我希望从一个生活者的角度去解答这些问题，而不是从简单粗暴的理论分析或逻辑思维的角度。用具和生活的关系，存在于每一天的日常生活之中，一本正经地皱眉苦思，反而很难有真正的发现。所以写这本书时，我尝试像画素描一样，让身体松弛下来，尽可能找出和当时心情最为相近的想法，然后记录下来。至于如何再从中找到启示，还是交给擅长的人去做吧。

最后，我要感谢与我相伴两年的编辑山本忍、摄影师青砥茂树、负责解说文部分的大轮俊江先生，以及将这本书的视觉呈现设计得如此出色的设计师若山嘉代子。另外，在此我还要非常感谢提供腰封文字的细川亚衣女士。对于书中写到的各位手工艺人而言，我所写的这些内容是很不充分也不完整的，所以请大家见谅。我从心底祈祷，各位在今后能够做出越来越多的好作品。再一次感谢大家。

三谷龙二

附录

如何与三谷先生的器物相遇

常设店

除了三谷先生的作品以外，也同时贩售三谷先生挑选的器物、杂货类商品等。

10cm

〒390-0874
长野县松本市大手2丁目4-37
0263-88-6210
营业日：周五、周六、周日、国定假日（特殊情况除外）
营业时间：11:00—18:00
www.mitaniryuji.com

个展画廊

这些画廊都会定期举办三谷先生的个展，但关于之后的计划并没有具体安排，如需要了解具体日程，请在各店的网站进行确认。

秋篠之林 Gallery月草
奈良县奈良市中山町1534
0742-47-4460
www.kuruminoki.co.jp/akishinonomori/

EPOCA THE SHOP 银座 日日
东京都中央区银座5-5-13 B1
03-3573-3417
www.epoca-the-shop.com/nichinichi/

KANKEIMARURABO
宫城县石卷市中央2-3-14
0225-25-7081
Kankeimaru.com

Gallery fève
东京都武藏野市吉祥寺本町2-28-2 2F
0422-23-2592
www.hikita-feve.com

gallery yamahon / café noka
三重县伊贺市丸柱1650
0595-44-1911
www.gallery-yamahon.com

Galerie Momogusa
岐阜县多治见市东荣町2-8-16
0572-21-3368
www.momogusa.jp

SHELF
大阪府大阪市中央区内本町2-1-2 梅本大楼 3F
06-6355-4783
www.shelf-keybridge.com

桃居
东京都港区西麻布2-25-13
03-3797-4494
www.toukyo.com

季之云
滋贺县长浜市八幡东町211-1
0749-68-6072
www.tokinokumo.com

图书在版编目（CIP）数据

日日器物帖 /（日）三谷龙二著；曲炜译. -- 长沙：湖南美术出版社，2016.7
ISBN 978-7-5356-7810-2

Ⅰ. ①日… Ⅱ. ①三… ②曲… Ⅲ. ①木制品—生活用具—介绍 Ⅳ. ① TS976.8

中国版本图书馆 CIP 数据核字（2016）第 176087 号
著作权合同登记号：18-2015-164

HIBI NO DOUGUCHOU

日日器物帖
RI RI QI WU TIE
［日］三谷龙二 著 曲炜 译

出 版 人 刘清华
出 品 人 陈垦
出 品 方 中南出版传媒集团股份有限公司
上海浦睿文化传播有限公司
上海市巨鹿路 417 号 705 室（200020）
责任编辑 张抱朴
书籍设计 张苗
责任印制 王磊
采 访 大轮俊江
摄 影 青砥茂树（讲谈社摄影部）
摄影协助 古厩由纪子、武田智子
出版发行 湖南美术出版社
长沙市雨花区东二环一段 622 号（410016）
网 址 www.arts-press.com
经 销 湖南省新华书店
印 刷 恒美印务（广州）有限公司

开本：880mm × 1230mm 1/32 印张：5.375 字数：40 千字
版次：2016 年 8 月第 1 版 印次：2016 年 8 月第 1 次印刷
书号：ISBN 978-7-5356-7810-2 定价：59.00 元

浦睿文化
INSIGHT MEDIA

出 品 人：陈 垦
监　　制：张雪松　余 西
策划编辑：张逸雯
助理编辑：姚钰媛
出版统筹：戴 涛
装帧设计：张 苗

浦睿文化 Insight Media
投稿邮箱 insightbook@126.com
新浪微博 @浦睿文化